AF462496

REVUE

DES DAHLIAS.

COSSON, IMPRIMEUR DE L'ACADÉMIE ROYALE DE MÉDECINE,
9, rue Saint-Germain-des-Prés.

REVUE
DES DAHLIAS
EN 1840,

OU

SUPPLÉMENT

AU TRAITÉ DES DAHLIAS,

PAR PIROLLE,

Cultivateur - Amateur,

AUTEUR DE L'HORTICULTEUR FRANÇAIS, DES ANNALES DES JARDINIERS AMATEURS, ETC., ETC.

PARIS,

H. COUSIN, LIBRAIRE-ÉDITEUR,

25, RUE JACOB.

1841

PRÉFACE.

Dans nos tournées de 1840, pour nous mettre à même de bien juger les nouvelles variétés de dahlias et aussi de constater le mérite des anciennes qui peuvent toujours concourir avec ces dernières pour former une collection précieuse, c'est-à-dire à l'abri de la critique des amateurs les plus exercés, nous avons eu plusieurs fois l'occasion de remarquer que bien des amateurs, après avoir caressé les plus douces espérances, se trouvaient péniblement désappointés au moment de la floraison de leurs plantes.

Ces amateurs avaient fait tous les sacrifices pour se procurer les plantes les plus rares et aussi les plus chères : ils les avaient mises en place avec les combinaisons les plus rationelles, pour que les dahlias de même hauteur se trouvassent sur les mêmes lignes ou rangées. Ils avaient même, comme nous le recommandions dans le *Traité du dahlia*, combiné les couleurs avec assez de goût, afin que leurs plantes, lors de la floraison, offrissent un tableau dans lequel les couleurs se trouvassent variées avec art et se fissent ressortir réciproquement par l'opposition tranchante des nuances contraires entre les fleurs de chaque dahlia, planté à côté d'un autre sur la même ligne, ou sur celle qui, soit devant, soit derrière, pouvait le placer dans les mêmes conditions de rapprochement.

Pour atteindre ce but, tous les catalogues avaient été consultés et rapprochés dans l'intention de se former une idée des plus exactes et précises sur la hauteur et les divers coloris de chaque plante nouvelle, choisie sur sa réputation.

Combien d'amateurs font à l'avance sur le papier le plan de leur plantation de chaque année, et trouvent déjà, soit en le composant, soit en y jetant les yeux bien des fois, lorsqu'ils l'ont arrêté, une jouissance des plus vives? Combien d'autres trouvent-ils même des charmes à recommencer ce plan à mesure que des idées ou des renseignemens nouveaux leur arrivent ? Quel est l'amateur dont les idées sont assez fixes, pour ne rien changer au plan qu'il se hâte de faire après et même pendant la floraison de l'automne jusqu'à ce qu'il puisse l'exécuter au printemps de l'année suivante ?

C'est ainsi que ce premier plan se trouve bien des fois corrigé et même renouvelé depuis octobre jusqu'à la fin d'avril.

Nous connaissons nombre de confrères qui, comme nous, par anticipation, trouvent un grand et vif plaisir dans les rectifications nombreuses qu'ils s'amusent à faire à ces plans ou projets de plantation pour l'année suivante, toujours attendue avec impatience.

Comme nous, au coin de leur feu, pendant que le thermomètre descend à dix degrés au-dessous de zéro et plus bas, que la terre est couverte de neige et que les vents du nord règnent seuls dans les jardins, ils trouvent encore des dommagemens au deuil de la nature, en travaillant sur leurs catalogues de plantes, afin d'en préparer la disposition et la culture pour le printemps.

Non-seulement nous trouvons une heureuse diversion à la tristesse des longs jours de l'hiver, dans ces attrayantes occupations; mais encore la mémoire de nos yeux, aidée de la puissance de la passion des plantes, nous représente déjà, rien que sur le papier, ces mêmes plantes dans toute la pompe de leur floraison, comme nous espérons de les voir au temps où la nature doit nous les offrir en réalité avec plus ou moins d'exactitude, en raison de la justesse de notre discernement et des soins d'un zèle plus ou moins éclairé, plus ou moins persévérant.

Ces douces illusions, ces charmantes rêveries à la faveur desquelles nous supportons avec patience les hivers plus ou moins durs et longs de nos climats, sont bien souvent aussi un remède moral à nos maux physiques. Nous avons bien des fois, pendant la mauvaise saison, visité des confrères très-souffrans, les uns de la *goutte*, les autres d'un *rhumatisme aigu*, ceux-ci d'un gros *rhume*, ceux-là d'une *gastrite*, etc.; et toujours nous avons trouvé les uns et les autres cherchant et même rencontrant le meilleur remède, ou du moins la distraction la plus efficace, dans l'occupation de leurs projets sur les plantations méditées. Nous avons même souvent remarqué avec bonheur que, pendant nos conversations horticoles, ces confrères finissaient par oublier entièrement leurs souffrances, ou les trouvaient bien plus supportables.

D'après toutes les combinaisons et même les travaux qui ont insensiblement amené l'amateur au moment où la réalité doit combler ses vœux et remplacer ainsi les illusions qui calment son impatience, il est facile d'apprécier toute l'amertume de son désappointement, lorsqu'à ces illusions qui s'évanouissent, succède la preuve trop affligeante que depuis plus ou moins de mois il caressait, sous le masque trompeur de sa confiance, comme plante chérie, comme plante nécessaire à ses plaisirs, une plante qui, au contraire, renverse toutes ses illusions et contrarie toutes ses idées.

C'est ce qui arrive cependant bien des fois aux amateurs de dahlias, dont les plantations toujours sont destinées à révéler et la pureté de leur goût et le génie de leurs combinaisons.

Ainsi, quand au lieu d'une plante annoncée comme à la fois très-précieuse, très-belle et très-régulière, ils sont obligés de reconnaître à la floraison une plante au contraire très-médiocre, et même si médiocre qu'il y a force de la supprimer pour qu'elle ne nuise point à toute l'harmonie de la plantation, il y a nécessairement pour l'amateur une contrariété insupportable.

Cette contrariété a encore lieu, quoique à un degré différent, si la plante décrite à trois pieds de hauteur et placée en conséquence sur une ligne de devant d'une plantation de deux ou trois rangées de profondeur, cette même plante s'élève à cinq ou six pieds, au lieu de trois : alors elle masque les fleurs des plantes qui se trouvent derrière, et de plus elle rompt l'uniformité de sa ligne et fait le plus mauvais effet, surtout quand cette ligne est examinée sur l'un ou l'autre de ses deux flancs.

Il y a encore contrariété non moins vive pour un amateur dont le goût et le tact sont parfaits, lorsqu'une plante mal ou inexactement décrite dans les couleurs ou nuances de ses fleurs, l'induit contre son gré dans cette grande faute d'harmonie, en la plaçant, soit à droite ou à gauche, soit devant ou derrière, à côté d'une autre qui répète les mêmes couleurs ou s'en rapproche un peu plus ou moins.

Enfin, c'est encore une faute de bonne combinaison dans le placement des mêmes plantes, si à côté d'une autre sur la même ligne, se trouve une variété dont les fleurs sont trop disproportionnées en diamètre ou largeur, avec les fleurs de leurs voisines.

Ce dernier inconvénient qui, comme défaut, n'échappe jamais à l'œil d'un homme de goût, ne pourrait point avoir lieu si une bonne fois il était généralement admis, comme cela est généralement senti et remarqué, qu'il n'y a point de dahlias parfaits, quelles que soient d'ailleurs toutes leurs autres perfections, si leurs fleurs ne sont point en proportion rationnelle, pour leur largeur et leur épaisseur, avec la hauteur de leurs tiges ; c'est-à-dire si le diamètre de ces fleurs n'est pas d'autant de pouces, à une ou deux lignes près environ, que les tiges ont de pieds de hauteur.

Mais comment, dira-t-on, sera-t-il possible de faire une plantation bien combinée avec des plantes que l'on ne peut juger que sur des catalogues où elles ne sont décrites qu'à peu près, puisque souvent le commerce qui achète lui-même ces plantes sur leur réputation, ne les a pas vues; puisque pour se décider enfin à se les procurer dans la vue ou le dessein de les distribuer aux amateurs, il n'a eu d'autres guides que les prix accordés à ces mêmes dahlias par les diverses sociétés d'horticulture soit françaises, soit étrangères où leurs fleurs ont été exposées, etc.?

Nous répondrons que bien sûrement il serait très-difficile, sinon impossible, de parvenir à exécuter une plantation bien parfaite et régulière avec des plantes sur lesquelles il n'existerait pas des renseignemens plus positifs que ceux des catalogues, dont l'exactitude pour les hauteurs, et souvent même pour les coloris, ne peut être considérée à peu près qu'approximativement.

Ainsi une plante, dans telle culture commerciale, aura trois pieds de hauteur, et dans telle autre elle montera jusqu'à cinq; nous connaissons même des cultures d'amateurs où nous voyons très-souvent des plantes ordinairement de trois pieds, s'élever à six et au-delà.

Chacun, selon nous, peut se faire raison de ces différences, pour peu qu'il ait déjà cultivé et observé la végétation de ses plantes dans le sol où il fait son horticulture.

Ainsi, lorsque nombre de plantes qui figurent à une taille quelconque sur nombre de catalogues, et à la même taille dans les cultures des amateurs ou du commerce que l'on aime à visiter, quand l'on est vraiment amateur, si ces mêmes plantes, dans un terrain quelconque, lorsqu'elles y sont plantées avec toutes les conditions de force et de vigueur qui peuvent favoriser leur développement complet, excèdent leur hauteur communément reconnue, ou si elles ne l'atteignent point, après deux ou trois ans de confirmation dans cette expérience, il doit être démontré que c'est au sol et à l'exposition qu'il faut attribuer la différence des hauteurs ordinaires ou naturelle des plantes; et alors il devient facile de les bien calculer sur l'influence de son terrain.

D'un autre côté, nous connaissons des amateurs expérimentés qui, tout en profitant de la connaissance parfaite qu'ils ont acquise par leurs observations sur l'influence de leur sol et de l'exposition, recourent à des lumières encore plus sûres, et parviennent toujours à exécuter sans aucune déception quelconque une plantation des plus régulières et des mieux combinées. Ils atteignent ce but en ne disposant leur plantation combinée, qu'avec des plantes parfaites sous tous les rapports; mais qu'ils connaissent très-bien.

Ce n'est qu'ainsi qu'il est possible de bien exécuter une plantation à grands effets; laquelle aux yeux des connaisseurs comme aux yeux de ceux qui n'ont seulement que l'habitude d'être attirés par tout ce qui est à la fois beau et régulier, l'emportera toujours sur une plantation disposée sans ordre et sans gût, fût-elle même exécutée avec des plantes supérieures.

Pour arriver à cette perfection dans la manière de distribuer ses plantes avec tous les avantages que présente une belle régularité unie au bon goût du choix, des formes et des couleurs, dans la répartition des individus, sur une ou plusieurs rangées ou lignes de dahlias, s'il ne faut rien donner au hasard, ce n'est pas à dire qu'il faille pourcela renoncer à l'emploi des nouvelles plantes que l'on n'a pas encore vues, et que conséquemment on ne pourrait, pour les effets, incorporer avec sécurité dans une combinaison quelconque, mais régulière.

C'est pour faciliter aux amateurs les moyens de combiner avec tous les avantages possibles leurs plantations avec leurs belles plantes, celles qui, en 1840, ont été généralement reconnues non moins méritantes et précieuses, que nous publions, en 1841, cette *Revue des dahlias*, dans laquelle nous ne croyons avoir passé sous silence aucune plante plus ou moins nouvelle qui ait paru ou soit restée digne de leurs suffrages à la dernière floraison.

C'est parmi ces plantes que nous choisirons pour planter en 1841 la collection de nos dahlias avec le goût et la méthode sur lesquels tous nos confrères, amateurs les plus habiles, sont unanimement d'accord.

Sans doute aussi nous planterons des variétés nouvelles que nous n'aurons pas vues; mais dont la réputation que leur ont faite des amateurs étrangers, excite notre curiosité, et même notre confiance jusqu'à un certain point; mais nous avons des lignes d'épreuve pour ces dahlias nouveaux, et sur lesquelles ils ne perdent rien de leur mérite quand ils justifient leur réputation, mais aussi sur lesquelles, dans le cas contraire, ils ne dérangent rien à la belle et bonne harmonie que nous voulons organiser et maintenir dans la distribution des autres. Nous voulons dire des dahlias reconnus pour des perfections complètes, d'après les règles de convention sur les beautés du genre, dont nous nous sommes faits les simples narrateurs dans le *Traité du dahlia*, que nous avons livré à la publication l'année dernière.

Enfin, pour ne rien laisser à désirer aux amateurs commençans, nous donnons à la fin de cette revue le tableau d'une plantation de dahlias, l'une sur trois rangs ordonnés en gradin bien étagé; et l'autre sur deux rangs aussi en gradin; le tout combiné de manière à ce que, lors de la floraison, les plantes se trouvent les unes et les autres distribuées avec une harmonie parfaite entre elles, pour les hauteurs, les couleurs, les diamètres floraux, etc., etc.

REVUE

DES DAHLIAS

EN 1840.

Cette année, nombre de circonstances toutes plus défavorables les unes que les autres ont singulièrement contrarié la culture et la floraison des dahlias.

La première a été un printemps très-tardif qui a nécessairement forcé les amateurs de retarder aussi leur plantation pour ne pas la compromettre. Cette contrariété s'est encore accrue par les retards que le commerce, surtout celui dont la clientelle est des plus nombreuses, a été forcé de mettre dans le service de ses commandes. Les contre-temps de mars et avril ont beaucoup nui à la reprise des boutures que successsivement les froids et les trop grandes chaleurs ont rendues immobiles pendant quelques semaines de plus que le temps ordinaire, quand la saison du bouturage n'est point traversée par de tels accidens d'inégale et mauvaise température. Ainsi cette année, beaucoup de commandes ont été fournies au commencement de juin et même plus tard, parce qu'il n'a pas été possible de le faire plus tôt, c'est-à-dire au commencement de mai, époque la plus généralement opportune pour planter les dahlias en France.

Les retards imposés au commerce dans ses livraisons de 1840, ont par contre-coup arriéré les amateurs qui auraient pu planter à volonté leurs dahlias; si force n'avait été pour eux d'attendre ceux qu'ils avaient demandés, afin d'assortir ceux-ci avec ceux qu'ils avaient conservés, et de pouvoir disposer leur plantation en conséquence, c'est-à-dire pour ne pas la brocher, ou la manquer dans ses détails et dans ses effets.

Les cultivateurs qui ne comptaient que sur une clientèle plus ou moins rapprochée de leurs facultés ordinaires et faciles à mesurer d'avance, n'ont eu besoin que d'une multiplication ordinaire, soit par les boutures de première venue, soit par la simple division des tubercules de leur collection. Ceux-là ont pu fournir et ont fourni très à propos; mais comme le plus grand nombre des amateurs de dahlias, assez ordinairement puisent dans plusieurs cultures, il en est résulté que les envois de ceux qui ne pouvaient arriver aussitôt que les premiers ont neutralisé beaucoup du mérite de ceux-ci, dans les cultures où l'on veut tout réunir avant de mettre en place, afin de faire ou combiner cette opération avec tous les avantages des ressources disponibles.

Indépendamment de ces contrariétés du temps et des circonstances, la plantation, déjà tant contrariée, a continué de l'être dans le plus grand nombre des cultures, par des chaleurs et des sécheresses qui, malgré les soins et les arrosemens les mieux dispensés, n'ont pas moins fait subir aux plantes un grand mois de retard, en sus de celui qu'a pu faire perdre l'attente des boutures, faute desquelles on n'avait pu planter un mois plus tôt.

Ainsi, presque partout, les collections les plus précieuses et les mieux ordonnées, au lieu de fleurir à la fin de juillet, ne sont entrées en fleurs qu'en septembre, et grand nombre d'individus n'ont fleuri que beaucoup plus tard, et souvent c'étaient les plus précieux : il en est même parmi ces derniers qui n'ont pas eu le temps de fleurir.

Les vives contrariétés dont, à cet égard, ont eu à se plaindre les amateurs, n'ont pas épargné davantage ceux qui avaient pu planter plus tôt, parce que les dahlias qui ont fleuri en août jusqu'à la mi-septembre, où les pluies sont seulement venues à leur secours, ont également subi un autre désavantage non moins déplorable, puisque tous les rangs de leurs ligules ou pétales étaient brûlés à mesure qu'ils s'épanouissaient. Nous avons vu quantité de fleurs dont les neuf à dix rangs de la circonférence ou du pourtour extérieur étaient desséchés, quand le centre se développait à peine à la pointe du jour, pour être déjà brûlé avant midi.

La belle floraison des dahlias en général n'a donc

eu lieu, cette année, qu'après la mi-septembre. Elle a duré seulement un bon mois pour ceux que les gelées précoces d'octobre ont frappés dans cette jouissance; pour d'autres elle s'est prolongée jusqu'au 10 novembre. Mais ce prolongement a été peu profitable, parce qu'il a été traversé par des pluies trop abondantes et continues. Celles-ci ont achevé ce que les sécheresses avaient commencé et même épargné, c'est-à-dire l'avortement des graines, dont aussi en général la récolte a été ou nulle ou très-médiocre.

Quoi qu'il en soit, comme nous l'avons dit dans nos Annales du premier trimestre de l'année agricole 1840-1841, l'année précédente, toute mauvaise qu'elle a été, offre une grande compensation dans les progrès de l'expérience sous les rapports suivans :

1° Les retards apportés à la reprise des boutures d'avril et de mai, ont enseigné aux cultivateurs que pour éviter désormais les plaintes et les réclamations des expectans, il fallait, avec une sage prévision, savoir se mettre d'avance en mesure pour être à même, quelles que soient les circonstances, de fournir les commandes pour la fin d'avril ou le commencement de mai au plus tard.

2° Cette même contrariété dans la reprise des boutures, lorsque le printemps escompte les chaleurs de l'été, a également appris que ce n'est plus dans les serres qu'il faut bouturer, mais bien en pleine terre, à l'ombre, sous cloche, et plus tard à l'air libre et sans cloche, mais aux expositions du nord *. Les succès obtenus par cette expérience donnent aux cultivateurs les moyens les plus faciles de servir, même à l'automne, toutes les commandes du printemps de l'année suivante. Avec un peu de soin et de prévision, le commerce, par ces moyens, pourra servir en petits tubercules, dès le mois d'octobre, ce qu'il fournit en boutures moins commodément au mois de mai et plus tard l'année suivante ; et dans tous les cas il pourra du moins, avec la même facilité, avoir contenté tout le monde pour le commencement de mai.

Nous devons ajouter ici que tous nos principaux commerçans, comme grand nombre d'amateurs, ont pour leurs multiplications pris, l'été dernier, leurs précautions d'avance, pour n'éprouver aucun mécompte au printemps prochain.

Nous saisissons cette circonstance pour rappeler aux amateurs cultivateurs, qu'ils feraient bien désormais, lorsqu'ils trouvent dans les cultures d'un bon confrère un dahlia qui leur convient, d'en accepter de suite deux à trois boutures qui, faites aussitôt comme nous l'avons dit, permettent d'en disposer à volonté pour la future plantation, et préviennent tout mécompte accidentel qui peut, ou la trop faire attendre, ou même en priver tout-à-fait à cette même époque. Il peut arriver aussi que cette sage précaution cause encore le plaisir de remplacer à un ami la plante mère que plus tard il aurait pu perdre par un accident quelconque au lieu de pouvoir la donner. Nous nous sommes procuré, en octobre dernier, la satisfaction de présenter de suite, à quelques amis, des boutures bien reprises et déjà tuberculées des quelques plantes qui les avaient flattés dans notre collection.

Nous ajouterons que les boutures faites à l'air libre, avec ou sans cloche, depuis la mi-mai jusqu'à la mi-septembre, ont tout le temps nécessaire à former des racines suffisantes pour passer l'hiver seulement à l'abri des gelées : les dernières, même dans une bonne orangerie, achèvent parfaitement leur radication, si elles ont d'ailleurs éprouvé quelques retards.

D'après tous les inconvéniens et contrariétés qui ont causé tant de désappointement aux amateurs spéciaux des dahlias, sans même compter ni les *courtilières*, ni *les vers blancs*, ni *l'acarus*, qui sont tous si funestes à ces plantes, lorsque l'on ne sait ou l'on ne peut les en préserver ou délivrer à temps, on conçoit que pour juger du mérite des variétés nombreuses de cette plante, on n'a pu trop souvent les revoir et les observer, nonseulement dans une, mais encore dans plusieurs cultures, en différens sols et circonstances de temps et de lieux.

Il a fallu aussi, autant qu'il a été possible, pour bien apprécier, connaître l'origine des individus et l'époque de leur réception, pour arriver aux causes des différences que tout le monde a pu remarquer comme nous entre deux individus d'une même variété bien identique, dont l'un présentait, dans le même temps, des fleurs parfaites sous tous les rapports, tandis que l'autre, au contraire, ne donnait que des fleurs ou mal faites, ou semi-pleines, et même simples. Les mêmes remarques ont souvent eu lieu sur un seul individu, lequel a donné d'abord des fleurs assez nombreuses, toutes à un seul rang de ligules, ensuite des fleurs successivement à deux, trois et quatre rangs, enfin les dernières, très-pleines, et sous aucun rapport ne laissant plus rien à désirer. Nous avons également observé des dahlias qui déjà, depuis deux à trois ans, avaient fixé les suffrages de tous les connaisseurs, offrir cette année, dans leur floraison, des irrégularités monstrueuses dans leurs belles formes; et d'autres, dont les contours les rendaient absolument méconnaissables: nous avons même trouvé sur un seul rameau une fleur jaune foncé, et à côté une fleur violet-pourpre.

De nos observations et investigations les plus minutieuses, il résulte, selon nous, que les moyens de surmultiplication contribuent beaucoup à l'affaiblissement et même à la dégénérescence des plantes. Sans doute, lorsque le commerce possède une superbe plante, souvent unique dans une culture, elle peut lui être demandée par plusieurs centaines d'amateurs. Souvent aussi cette belle plante ne s'est révélée qu'à la dernière floraison d'octobre, et alors il est déjà bien tard pour la multiplier convenablement par centaines. Mais comment répondre à plus des trois quarts des commandes que l'on ne pourra point les servir?... Si l'on répond avec franchise que l'on ne possède qu'un seul individu dont les multiplications naturelles ne peuvent suffire à toutes les commandes reçues, combien d'amateurs se contenteront de cette excuse? Combien, au contraire, se trouveront-ils justement offensés de n'avoir pas la préférence tout aussi bien que les cinquante à cent qui l'auraient obtenue?

Il était donc tout simple que, pour contenter tout le monde, le commerce imaginât d'abord les moyens de multiplier par tours de force, c'est-à-dire de commencer en hiver par mettre le pied tout entier pousser en serre chaude; d'en greffer à mesure toutes les pousses œil par œil, et de laisser pousser ces yeux pour les regreffer encore un à un, et d'attendre des boutures de ces secondes greffes et même encore des troisièmes, sauf encore à rebouturer ces mêmes boutures, toujours en les forçant, afin d'arriver enfin en nombre nécessaire pour suffire à toutes les commandes, à peine de perdre la bienveillance des habitués de la maison.

Le commerce, ainsi surchargé de commandes, pouvait facilement imaginer que si, par ce moyen, il pouvait servir tout le monde, il ne pourrait pas du moins le servir aussi tôt que lui-même tout le premier l'aurait bien désiré; surtout si, comme l'année dernière, le bouturage se trouvait successivement contrarié par le retour du climat d'hiver, succédé de suite par celui de l'été. Mais l'essentiel a dû paraître atteint, puisqu'il a pu ne refuser personne. S'il a pu également prévoir que bon nombre d'amateurs ne seraient pas complétement satisfaits, puisque des boutures faibles et tardives demandent toujours de grands soins, que tous les amateurs ne peuvent prendre, et un temps favorable qui ne dépend de personne ; s'il a même pu compter sur le bon naturel du dahlia, qui souvent revient ou réchappe de très-loin, il n'a pu prévoir du moins tous les dangers d'une surmultiplication poussée à l'extrême, et de laquelle résulte, pour quantité de plantes, la perte de leurs plus grandes facultés. C'est à cette cause de surmultiplication que nous ont conduits nos observations et nos renseignemens sur les plantes modèles qui ont fleuri en déshonorant leur famille ou leurs premiers succès. Nous devons à la vérité de dire que d'autres plantes, multipliées de même, ne se sont cependant point démenties; mais aussi c'est le plus petit nombre, puisque sur quatre ou cinq boutures d'une même variété, d'un même pied, faites en même temps sous la même cloche, deux de ces sœurs germaines ont supérieurement fleuri, quoique très-tard, et les trois autres étaient absolument à fleurs semi-pleines et très-mal faites.

Indépendamment des expériences de cette année, nous en avons encore une autre non moins concluante et décisive, celle des années précédentes; la voici :

En 1837, bien sûrement nous possédions déjà des variétés tellement parfaites que si, pour la première fois, elles eussent paru en 1840, elles auraient mérité et obtenu les mêmes hommages qu'elles ont reçus alors : telles sont, entre autres *Vandyck*, Hébé, Widnall, *Conqueror of Europe*, *mistriss Buchnall*, etc., etc. Ces mêmes variétés, à la dernière floraison, avaient déjà perdu, dans nombre de cultures comme dans la nôtre, les trois quarts au moins des perfections si précieuses qui nous les ont si justement fait admirer, il y a quatre à cinq ans, lorsqu'elles ont débuté.

Cette dégénérescence procède indubitablement pour le dahlia comme pour beaucoup d'autres plantes, de la multiplication par séparage et plus encore par greffes et boutures d'année en année, comme elle a également lieu dans la descendance directe de plusieurs espèces animales.

Si déjà des végétaux s'altèrent par leur propagation même naturelle d'année en année, et même à des termes plus longs, *à fortiori*, l'altération doit-elle être plus rapide par une seconde et troisième multiplication artificielle, successivement opérée dans deux à trois mois.

Ces réflexions sans doute ont dû naître ou se reproduire dans la mémoire des cultivateurs, cette année, en présence des résultats fournis par tant de boutures de dahlias de troisième et quatrième tirage successif ou héréditaire l'un de l'autre, dans un espace à peine suffisant pour les prendre dans leur première enfance.

C'est à ces réflexions, comme au désir de contenter son public, que sont dus très-probablement les nombreux bouturages auxquels, l'été dernier, le commerce s'est livré avec tout le succès désirable.

Pour ne rien perdre de cette expérience, nous en concluerons aussi que le meilleur moyen de conserver plus long-temps à une belle plante tous ses avantages, c'est-à-dire de retarder autant que possible l'altération de ses brillantes facultés, serait celui de ne l'épuiser jamais dans ses divers modes de reproduction ou continuation. Ainsi nous pensons que les beaux dahlias dégénèreraient bien moins vite, si l'on en plantait toujours de préférence un tubercule bien sain, muni d'un seul jet ou turion émis par le premier mouvement naturel de sa sève printanière, ou une bonne bouture de première émission.

C'est pour essayer si, dans les dahlias comme dans d'autres plantes, il y a moyen de régénérer ceux qui faiblissent dans le mérite de leurs fleurs, que cette année nous avons empêché de fleurir quelques belles plantes dégénérées, afin de les rendre plus vigoureuses et de leur conserver tous leurs moyens. Nous dirons, l'année prochaine, si nous avons réussi par cette tentative à les ramener au point de leur première splendeur.

Il n'est pas encore loin de nous ce temps où l'on ne savait multiplier que par la séparation des tubercules avec un turion, au printemps; et nous nous souvenons très-bien qu'alors les plantes n'étaient point sujettes à dégénérer ou à s'altérer, comme depuis la multiplication à l'infini par boutures. Les belles plantes de ce temps-là n'ont point été réformées, parce qu'elles changeaient, mais seulement parce qu'elles étaient surpassées par les nouvelles, obtenues de leurs semis. *Lady Fordwick*, *le duc de Bedford*, *lord Althorp*, *honorable mistriss Harris*, *Granta*, *Ariel*, et tant d'autres encore plus âgés et dont les tubercules servent à planter les massifs des parcs, où nous les avons encore rencontrés en fleurs à l'automne dernier, n'étaient certes pas moins beaux ni parfaits qu'ils le paraissaient avant d'avoir été remplacés par les perfections supérieures qui les ont suivis ou fait réformer.

Les changemens ou altérations que nous avons remarqués dans les coloris de quelques plantes, nous paraissent causés par les chaleurs et sécheresses anormales trop continues, et pendant lesquelles la sève des plantes a subi les perturbations et suspensions les plus déplorables. Nous pensons ne pas nous tromper dans cette imputation, puisque les fleurs de ces mêmes plantes sont revenues à leurs teintes naturelles aussitôt que ces fléaux ont cessé.

Nous avons recommandé, au Traité du dahlia publié l'année dernière, de tailler ces plantes et de les élever autant que possible en pyramides légères et gracieuses, afin d'en obtenir des fleurs plus vigoureuses et parfaites, et aussi de façonner ces plantes de manière à ce qu'à l'aide d'un seul et bon tuteur elles résistassent mieux à l'impétuosité des vents de l'équinoxe d'automne.

Cette année, outre toutes les contrariétés qu'ont subies nos malheureux dahlias, comme si vraiment la colère céleste les avait poursuivis, les vents devanciers de l'équinoxe sont venus fondre sur eux avec une fougue qui semblait devoir définitivement les supprimer de nos parterres. Aussi les ravages de ces vents trop impétueux, et au moment même où nos dahlias commençaient à renaître, ont-ils changé nos plantations de ces superbes radiées en champs de deuil et de dévastation. Malgré soi, en jetant les yeux sur tous ces dahlias renversés, rompus ou mutilés, on se rappelait ces vastes champs de carnage où des brigands, que la stupidité humaine nomme héros, faisaient, pour leur propre ambition ou leur sanguinaire vanité, égorger par milliers d'hommes, les uns par les autres, l'élite des nations.

Heureusement les cultivateurs de dahlias, plus heureux que nos chirurgiens-majors, ont pu relever beaucoup de ces plantes et les ramener à la vie en rapprochant avec adresse les plaies par des ligatures et en les rattachant à de nouveaux tuteurs, ou en replantant ceux-ci. Après l'ouragan, tous les dahlias semblaient perdus ; deux jours plus tard, dans les cultures bien soignées, on n'apercevait plus ou du moins que très-peu de traces de ses affreux désastres, surtout dans les cultures où les dahlias, aillés en pyramides et bien attachés, avaient présenté à la fois moins de prise et plus de résistance à la fureur des vents.

Les dahlias qui, au contraire, avaient été abandonnés sans taille ni ébourgeonnement à leur tendance naturelle, pour se former en buissons plus ou moins épais et volumineux, ont subi de très-grandes avaries par la grande facilité qu'ils ont offerte à l'ouragan pour les tordre ou les briser.

Deux fois, cette année, nous avons eu les mêmes coups de vent à supporter. Nous dirons à cet égard que tout cultivateur prudent doit toujours s'y attendre, surtout en septembre, vers l'époque de l'équinoxe. Si l'on n'admet pas la taille et l'ébourgeonnement du *dahlia*, faut-il au moins admettre forcément l'appui d'un ou deux bons tuteurs à chaque individu, selon sa force ou son développement, et attacher solidement à ces tuteurs les tiges et les grands rameaux de ces dahlias, à mesure qu'ils grandissent; autrement, ce serait cultiver ces plantes, pour en être privé aux momens même où la floraison doit ou peut dédommager de tous les soins et peines que donne leur culture.

Après la tempête qui a terminé les longues tribulations des amateurs de dahlias, le ciel, devenu plus clément, a semblé se réconcilier avec eux et leurs plantes chéries. Ces dernières semblaient moins végéter que galoper pour profiter du peu de jours qui restaient au complément de leur révolution. Ce n'est guère qu'à la fin de septembre que toutes les cultures étaient bien en fleurs; et déjà des gelées précoces, avant la mi-octobre, avaient terminé la floraison des cultures situées près des rivières ou dans les bas-fonds un peu plus ou moins humides. A la vérité, celles-ci, un peu moins tourmentées par la sécheresse, avaient fleuri à peu près un mois avant les autres. On eût dit que la nature, cet automne, avait tenu la balance de l'équité entre les cultures, pour terminer environ un mois plus tôt celles qui avaient eu le privilége de devancer, par leur floraison, celles qui ont été d'un mois plus tardives, et d'accorder à ces dernières le même prolongement d'un mois, afin d'établir entre toutes une sorte de compensation ; comme si cette bonne nature avait prudemment craint de donner naissance à l'ignoble jalousie par une inégale répartition de ses disgraces et de ses bienfaits.

Si la floraison de l'ensemble d'un beau choix de dahlias, a trop peu duré en 1840, il faut dire aussi que les amateurs ou laborieux ou bien servis, ont eu, par suite d'une culture pénible et bien soignée, beaucoup de plantes sur la plantation desquelles ils n'ont éprouvé aucun temps d'arrêt, au moyen des facilités qu'ils ont eues pour les défendre contre les gelées intempestives. Ces plantes, dont ils ont également pu disposer à volonté, quant à la force et à la vigueur, soit en les propageant par tubercules ou par bonnes et fortes boutures de première végétation, ont pu se mettre en place dans une combinaison détachée de celle qui comprend l'ensemble ou l'élite du plus beau choix, autrement dit de la plantation destinée aux grands honneurs d'une riche collection.

Ces plantations séparées ou détachées comme les avant-gardes protectrices d'un corps plus respectable et plus nombreux, ont dans toutes les cultures bien entendues où elles ont eu lieu, donné une floraison de détail bien plus précoce que celle qui n'a guère pu s'exécuter qu'un mois plus tard.

Cette année, une telle plantation n'a pu réussir que par des soins très-soutenus et multipliés, puisqu'il a fallu, immédiatement après l'avoir préservée des nuits froides, la défendre aussi contre les sécheresses et les hâles de la fin du printemps, et contre les chaleurs sèches et brûlantes de l'été. Bon nombre d'amateurs, malgré tous les contre-temps, ont amené à bien ces sortes de plantations précoces; et celles-ci ont puissamment aidé à faire attendre les autres et aussi à dédommager des nombreux désappointemens qu'ils ont pu présenter, les uns en avortant, d'autres en faisant très-mal, et enfin plusieurs en ne fleurissant pas faute de temps pour arriver. Aussi conseillons-nous toujours aux amateurs de planter aussitôt que possible une ligne ou deux de leurs plus beaux dahlias de l'année précédente, et à une bonne exposition, et de les soigner ou faire soigner en conséquence. A tout événement, cette plantation précoce, bien cultivée, tempère toujours les impatiences : elle offre aussi une excellente ressource supplémentaire pour donner des graines, surtout quand, comme cette année, la floraison générale est non-seulement trop tardive, mais encore terminée par des pluies abondantes et trop continues, sur lesquelles il est toujours prudent de compter, après des sécheresses dont la trop longue durée a fini par épuiser l'humidité de la terre, comme celles du printemps et de l'été derniers.

Nous avons tous récente mémoire du peu de temps qu'a duré la belle floraison de 1840, et des accidens qui ont en si grand nombre contrarié cette floraison; lesquels accidens ont été si majeurs, qu'en considérant leur déplorable et funeste influence, on a généralement reconnu que quantité de plantes, quoiqu'ayant très-mal fait cette année, ne pouvaient cependant pas être réputées mauvaises, puisque beaucoup d'autres, toujours tenues pour très-précieuses, avaient présenté les mêmes défauts dans plusieurs individus de la même variété, tandis que les mêmes défauts n'existaient point ailleurs dans d'autres individus de la même plante.

Ainsi, pour ne pas juger trop légèrement les plantes dont nous parlerons dans cette revue, nous nous bornerons à les décrire telles que nous les avons vues. Nous laisserons aux amateurs le soin de prononcer.

Parmi les dahlias que nous avons remarqués dans les cultures du commerce et également chez nos amateurs les plus justement distingués des départemens de la Seine, de Seine-et-Oise et Seine-et-Marne, nous citerons d'abord les suivans :

Artabanès : tige de quatre pieds à quatre pieds et demi; rameaux peu écartés et droits, fleurs nombreuses, superbes et très-merveilleusement facturées dans tous leurs détails, ligules ou pétales en cornets supérieurement gradués et imbriqués sur vingt-cinq rangs, depuis le centre bien plein jusqu'à la circonférence mathématiquement régulière; diamètre, quatre bons pouces; coloris *ventre-de-biche*, nuancé *orange* et *vermillon*.

Nous avons vu cette plante toujours aussi exactement parfaite en quatre cultures différentes, dans un rayon de vingt lieues et à des intervalles de dix à vingt-cinq jours.

Amelia (Ancell's) : tige, trois pieds; bon *facies* de plantes, fleurs très-pleines et gracieuses, ligules bien graduées et imbriquées sur une trentaine de rangs, toutes creusées en coquilles très-jolies; diamètre d'environ quatre pouces; coloris d'un beau *blanc neige*, parsemé de stries légères lilas très-frais, nuancé *lapis*.

Nous n'avons vu cette plante que dans une seule culture commerciale, mais à distance de dix, quinze à vingt jours, et toujours des fleurs aussi belles et bien faites.

André Hoffer : tige, quatre pieds, bonne tenue; fleurs magnifiques, ligules en cornets et demi-cornets sur vingt à vingt-cinq rangs, tous d'une graduation et d'une imbrication parfaites; diamètre, quatre bons pouces, coloris *violet-pourpré*.

Cette plante a été superbe et admirable dans trois cultures; dans une quatrième, où elle a été reçue très-petite et fort tard, la floraison en a été bien moins belle : de cette dernière plante l'amitié nous a fait une bouture-greffe sur tubercule : celle-ci, très-attentivement soignée, a encore pu nous donner, à la fin d'octobre, trois à quatre fleurs, mais bien au dessous de celles de sa mère: nousnous y attendions comme la conséquence d'une surmultiplication, qui était peut-être la six ou huitième descendance d'une bouture ou greffe de janvier précédent.

Argo : tige, quatre pieds, fleurs d'une grande beauté

unie à toutes les plus rares perfections; diamètre, quatre pouces; ligules en coquilles sur vingt-cinq à trente rangs; coloris beau *jaune* queue-de-serin.

Cette superbe plante, qui s'est vendue 20 francs au printemps 1840, a coûté très-cher aux cultivateurs qui se l'étaient procurée.

Nous avons lu quelque part, que M. Widnall avait dit à l'un de nos plus célèbres cultivateurs français, que sur trente mille dahlias de semis, *Argo* avait été la seule plante de mérite que les trente mille individus eussent produite. Nous pensons que M. Widnall a fait tout simplement une mauvaise plaisanterie ou qu'il avait au plus mal choisi ses graines. Nous avons vu cette année trois semis, dont le plus fort était d'environ quatre mille individus; les autres, de deux mille à quinze cents, et dans chacun de ces trois semis, sans rien diminuer du mérite d'*Argo*, qui est une superbe et riche plante, il y avait au moins trois à quatre variétés que nous lui eussions préférées, quoiqu'elles fleurissent alors pour la première fois.

Comme cette plante nous a présenté trois individus à très-belles fleurs dans trois cultures différentes et assez éloignées, nous avons eu soin d'en faire une bouture bien franche, que nous fortifierons encore au printemps, et nous en espérons de bons résultats.

Amato: tige, quatre pieds; fleurs encore plus parfaites cette année qu'elles ne l'étaient l'année dernière quand nous les avons décrites. Nous l'avons remarqué dans plus de quinze cultures, et toujours cette belle plante nous a fait admirer sa belle facture, sa grande régularité, le diamètre de quatre pouces, et enfin le beau coloris violet pourpre et rosé de ses brillantes fleurs.

Anthyope: cette plante, comme la précédente s'est aussi surpassée partout, cette année 1840. Toujours son beau *facies* pyramidal, ses quatre à quatre pieds et demi de hauteur, ses fleurs pleines et magnifiques, sur quatre pouces de diamètre, et enfin son beau coloris *lilas cendré*, que les fleuristes appellent *gris-de-lin.*

Advencer Girling: tige, quatre pieds; fleurs pleines et parfaites, ligules en oreillettes bien arrondies, graduées et imbriquées sur vingt à vingt-cinq rangs; diamètre, quatre pouces; coloris *cramoisi-pourpre.*

Cette plante a été vantée l'année dernière et offerte comme un *diamant fin.* Elle a pour elle d'ailleurs, l'avantage de procéder d'une culture justement célèbre par ses produits souvent merveilleux. Cependant quoique bonne plante, nous n'avons pas trouvé qu'elle justifiât sa réputation, puisqu'elle n'effaçait pas beaucoup d'autres du même coloris: néanmoins nous devons dire, comme bien informé, que l'individu, le seul de cette variété que nous ayons pu voir, était aussi une bouture dont la bouture première était peut-être son ascendante du cinquième ou sixième degré; si pas plus éloignée encore. Ainsi nous ne pouvons pas dire que cette plante soit au-dessous de sa réputation, puisque tant de circonstances indépendantes même de son sur-bouturage ont pu en étouffer la supériorité qui lui manquait.

Aurantia(Léath): tige, trois à quatre pieds; fleurs bien pleines et d'une bonne et assez rare facture; ligules rondes, larges, creuses et à bords légèrement plissés et refléchis en-dessus, toutes *jaune* clair *orangé* en dedans, et *jaune nankin* en dessous, les vingt rangs de ces ligules néanmoins disposés et gradués avec grâces et perfection; diamètre, trois à quatre pouces; ensemble du coloris jaune *clair orangé* avec reflets *nankin.*

Cette bonne plante est appréciée comme charmante par les uns, et curieuse par les autres. Ailleurs comme dans nos cultures, elle s'est très-bien soutenue, et a mérité beaucoup de suffrages.

Beauty of the plain : tige, trois pieds; fleurs très-belles et d'un charmant effet, ligules creusées en écailles bien arrondies, toutes supérieurement graduées et imbriquées par rang, au nombre de quinze à vingt; diamètre, trois pouces et demi; toutes ces ligules *blanc-perle-fine* et bordées *lilas* bleuâtre à teinte très-séduisante.

Dans différentes cultures où nous avons rencontré sept à huit individus de cette variété, nous n'avons pas trouvé une seule fleur qui démentît la beauté et la perfection des autres.

Ben Johnson (Girling): tige, quatre pieds; excellente tenue; fleurs très-pleines; ligules en cornets courts et serrés en faisceaux épais au centre, les autres en écailles bien élégantes, toutes bien arrondies, graduées et imbriquées sur vingt à vingt-cinq rangs, bien serrés et sans désordres; diamètre quatre pouces; coloris *rose-saumon*, très-brillant.

Cette plante que nous avons trouvée une seule fois dans trois cultures, et qui nous y a rappelés plusieurs fois pour l'y admirer, s'est parfaitement soutenue dans tous les détails comme dans l'ensemble de sa grande beauté.

Amulet (Squibb); tige, cinq à cinq pieds et demi; fleurs très-précoces, bien pleines et superbes; ligules très-richement serrées, imbriquées très-courtes et avec beaucoup d'élégance, sur trente rangs et plus; diamètre, cinq pouces; coloris *blanc pur*, et *cramoisi pourpre* sur les bords des ligules. Cette plante est un vrai *diamant fin*.

Arabella (Wicks) : tige, quatre pieds; ligules en cornets bien gradués et imbriqués sur quinze à seize rangs, toutes beau fond *blanc pur*, et marginées *cramoisi pourpre*; fleurs très-séduisantes; diamètre, trois pouces et demi.

Nous n'avons vu qu'une seule fois et que dans une seule culture, un individu de cette belle variété. Nous croyons y avoir remarqué dans ses brillantes fleurs, une tendance à se creuser; peut-être aussi cette tendance provenait-elle du bouturage ou des autres circonstances défavorables que nous avons rappelées plus haut.

Beauty of Wandworth : tige, trois pieds; fleurs des plus magnifiques et séduisantes, ligules en cornets et demi-cornets, serrés, gradués et imbriqués avec la plus riche et rare élégance, sur vingt à vingt-cinq rangs; diamètre trois à quatre pouces; coloris *blanc porcelaine fine*, marge des ligules *violet* très-doux, d'une teinte très-suave, quelques stries de même nuance sur le fond s'y dessinent aussi très-merveilleusement.

Nous n'avons trouvé que deux individus de cette très-précieuse plante, dans deux cultures commerciales, où ils recevaient bien justement les hommages de l'admiration.

Beauty of Croydon : quatre pieds; fleurs aussi très-riches de perfections, ligules en coquilles, supérieurement graduées et imbriquées sur vingt rangs et plus, toutes *blanc perle fine* et bordées *lilas*; diamètre quatre pouces.

Nous n'avons trouvé cette superbe plante, que dans une seule culture où nous l'avons vue à deux époques différentes, et toujours avec une nouvelle admiration.

British hero : quatre à quatre pieds et demi; fleurs très-pleines; ligules en écailles rondes, parfaitement graduées et imbriquées sur vingt-cinq rangs; diamètre, quatre pouces et demi; coloris *marron-foncé*.

Mêmes réflexions et observations que pour le *dahlia* précédent.

Britannia (Knight) : tige, quatre pieds; fleurs bombées, très-pleines et parfaites; ligules successivement coupées et distribuées sur vingt-cinq rangs de coquilles, graduées et imbriquées avec une remarquable élégance ; diamètre, quatre pouces ; coloris *vermillon*, nuancé *carmin*.

Comme les deux précédens nous n'avons trouvé qu'un seul individu de cette belle et très-précieuse variété, et toujours dans la même culture, où nous l'avons admirée avec le même intérêt.

Blomsbury (Lee) : tige, quatre à cinq pieds; fleurs parfaites, ligules en cornets et coquilles bien graduées et imbriquées sur vingt-cinq rangs; diamètre, quatre à quatre pouces et demi ; coloris *vermillon*, nuancé *jaune-aurore* et d'un grand effet.

Nous avons trouvé cette riche plante dans quatre cultures différentes, elle en a également bien fait les honneurs, et nous l'y avons revue avec un plaisir toujours nouveau. Quoique dans une de ces cultures le coloris *vermillon* y fût toujours resté pur, mais plus vif.

Blomsbury (Pamplen) : tige, cinq pieds; fleurs pleines, ligules en écailles rondes bien graduées et imbriquées sur quinze à vingt rangs ; diamètre, 4 pouces ; coloris *ventre-de-biche* et *saumon orangé*.

Cette plante, quoique à fleurs régulières, ne nous a fait aucune impression dans les quatre à cinq cultures où nous l'avons rencontrée, quoique nous n'eussions rien à reprocher ni au tout, ni aux détails de son ensemble. Nous pensons que si bon nombre d'amateurs comme nous, l'ont vue sans l'admirer ni la déprimer, c'est parce que, sans doute, les couleurs ternes et indécises ne sont généralement pas du goût de tout le monde.

Beauty of Whilton : tige, quatre pieds ; fleurs aussi très-pleines, ligules sur vingt à vingt-cinq rangs, le centre en cornets, les autres en coquilles bien graduées et imbriquées, toutes violet-clair ou lilas, et larges onglets *blanc pur*; diamètre, trois à quatre pouces.

Cette bonne et très-belle plante s'est bien soutenue dans les deux cultures commerciales, où nous l'avons rencontrée et revue toujours avec le même plaisir.

Bichoff of Salisbury : quatre pieds, quatre pieds et demi; fleurs aussi très-pleines, ligules bien graduées et imbriquées sur vingt-cinq rangs d'écailles bien arrondies; diamètre, quatre à cinq pouces; coloris *violet* velouté et bien ombré.

Cette plante, également trouvée dans les cultures précédentes, y a mérité et obtenu les mêmes suffrages que *Beauty of Whilton.*

Brees rosa : tige, quatre pieds; fleurs pleines et très-gracieuses, ligules sur vingt rangs de coquilles élégantes et bien graduées; diamètre, trois à quatre pouces; coloris très-frais *rose-lilacé*. Nous avons cultivé cette belle plante cette année. Elle a été charmante partout; mais, quoiqu'elle soit généralement estimée, nous regrettons cependant que les pédoncules en soient un peu faibles.

Bedford rival : tige, quatre pieds; fleurs pleines et régulières, ligules bien graduées et imbriquées sur vingt à vingt-cinq rangs; diamètre, quatre pouces; coloris *rose vif* légèrement teinté *violet.*

Crihton : tige, trois pieds, trois pieds et demi, quelquefois quatre; fleurs admirables dès la première vue, très-pleines et d'une bien séduisante facture; ligules en coquilles creuses, rondes et plissées avec beaucoup d'art, sur vingt rangs bien gradués et imbriquées; diamètre, trois à quatre pouces; coloris *écarlate,* nuancé *capucine-orangé.*

Cette excellente et précieuse plante n'avait que deux pieds et demi quand nous l'avons vue en fleurs pour la première fois ; le diamètre des fleurs atteignait à peine trois pouces, ce qui annonçait une conquête bien méritante pour les lignes à occuper exclusivement par les plantes naines. Mais sur les cinq individus que nous avons bien observés dans plusieurs cultures, un seul avait deux pieds et demi, un second quatre, et les autres trois pieds et demi, mais tous ont constamment donné de superbes fleurs.

Contender (Stanford) : tige, quatre à quatre pieds et demi ; fleurs pleines et très-bien faites ; ligules rondes veloutées, supérieurement graduées et imbriquées sur vingt à vingt-cinq rangs ; diamètre, quatre à quatre pouces un quart ; coloris *marron*, nuancé *cerise vif*.

Cette belle plante a encore mieux fait cette année que la précédente, dans laquelle nous l'avons vue pour la première fois. Il faut se garder de la confondre avec *Contender* (Girling) : tige de cinq pieds et demi ; fleurs d'un beau *violet*, mais sans grâces ni proportions.

Caméléon : tige, cinq pieds ; fleurs très-pleines et magnifiques ; ligules sur trente rangs et plus, en cornets et oreillettes disposés avec la plus rare et régulière élégance ; diamètre, cinq pouces ; coloris *violet-amarante* vif, rubanné *violet-lilas* très-frais.

Cette superbe et noble plante ne s'est point démentie dans les individus que nous avons vus plusieurs fois dans deux cultures, ni dans les beaux échantillons que nous en avons reçus.

Charles XII (Pamplen): tige, quatre pieds, quatre pieds et demi ; fleurs aussi très-riches et brillantes ; ligules sur vingt-cinq à trente rangs de cornets ; oreillettes et coquilles, le tout gradué et imbriqué dans le beau fini de la perfection ; diamètre, quatre bons pouces ; coloris *violet-évêque*, nuancé *pourpre* et *carmin*.

Cette nouvelle et très-précieuse plante s'est merveilleusement soutenue dans les trois cultures où nous l'avons admirée toujours long-temps et avec la même satisfaction.

Charles XII (Harisson): tige, trois pieds, trois pieds et demi; fleurs très-pleines, bien faites; ligules en coquilles sur vingt à vingt-cinq rangs, bien graduées et imbriquées; diamètre, quatre bons pouces; coloris *orange*, nuancé *écarlate*.

Nous n'avons rencontré de cette belle plante, qu'un seul individu dans une jeune culture qui promet beaucoup. Nous espérons que ce dahlia s'élèvera l'année prochaine à quatre pieds au moins; et alors, il sera une de nos plantes les plus précieuses.

Il y a un Charles XII (Miller), qui est loin du précédent sous tous les rapports. C'est un dahlia de cinq, à six pieds; les fleurs en sont assez pleines, d'abord : elles ont trois à quatre pouces de circonférence; le coloris des ligules est *violet foncé*, nuancé *violet-prune*, et ces ligules sont ou marginées ou mouchetées de *blanc-perle* au sommet.

Nous avons vu six individus de cette même variété, et au moins deux à trois fois chacun, dans trois cultures différentes. Cinq ont fleuri d'abord supérieurement *panachés*, un sixième *unicolore*; et à la fin de la floraison, nous n'avons été contens d'aucun, même sous tous les rapports; car, quoique déjà les fleurs bien faites fussent trop disproportionnées avec la hauteur des tiges, les dernières rentrées en couleur étaient encore chiffonnées avec le plus grand désordre.

Après cela, si l'on veut faire la part de toutes les mauvaises circonstances de l'année et autres, on pourrait peut-être espérer mieux l'année prochaine.

Conquering héro (Alman) : tige, trois pieds et demi; fleurs très-pleines et supérieurement faites; vingt à vingt-cinq rangs de ligules en coquilles bien graduées et imbriquées ; diamètre, quatre pouces; coloris *violet* d'une pure et charmante nuance.

Nous n'avons vu que deux fois un seul et même individu de cette variété qui nous a toujours paru très-méritante.

Conquering hero : tige, cinq pieds ; fleurs pleines, très-régulières; ligules sur vingt-cinq rangs, étagées et distribuées dans un ordre parfait ; diamètre, quatre à cinq pouces ; coloris beau *marron* bien étoffé ; sommet des ligules nuancé *cramoisi vif.*

Nous avons cultivé avec beaucoup de satisfaction, cette dernière plante que nous n'avons rencontrée qu'une fois et avec les mêmes avantages, dans la même culture que la précédente plante, son homonyme. Si l'on demandait au commerce une seule des deux, il faudrait bien s'expliquer, pour ne pas courir la chance de recevoir l'une pour l'autre.

Cœur de lion (Squibb) : tige, cinq pieds, fleurs très-riches et superbes ; ligules sur vingt-cinq à trente rangs de cornets bien taillés, non moins élégamment gradués et imbriqués ; diamètre, cinq bons pouces ; coloris *violet-carminé* ombré noir sur toute la surface des cornets aussi tous marginés *amarante* à nuances changeantes à la lumière.

Cette magnifique plante a fleuri tard chez nous, mais quoiqu'à trois pieds et demi de hauteur, on pouvait très-bien la reconnaître. Nous l'avons vue ailleurs dans toute sa force, dans toute sa beauté, et nous l'avons touvée vraiment une plante modèle.

Challanger (Brown) : tige, trois pieds et demi ; fleurs pleines et très-bien faites, ligules rondes et creuses, parfaitement graduées et imbriquées, sur vingt-cinq à trente rangs ; diamètre, trois à quatre pouces ; coloris *cramoisi* pourpre à nuances *cerise vif.*

Cette plante, que nous avons reçue très-tard et très-petite, nous a montré qu'elle était très-hâtive et précoce; les premières fleurs quoique passables, ne répondaient ni au prix, ni à la réputation des catalogues; plus tard, à la seconde floraison, elle a été magnifique, enfin des plus satisfaisantes. Nous en avons trouvé ailleurs deux individus autrement robustes que le nôtre, et aussi arrivés à destination un bon mois plus tôt; et ces deux individus ont été chacun une des belles perles de leurs cultures respectives, à quatorze lieues l'un de l'autre.

Curate : tige, quatre pieds; fleurs parfaites, vingt-cinq à trente rangs de ligules en écailles serrées, creuses, rondes et coupées à l'emporte-pièce; toutes bien étagées, imbriquées et *rose-carmin* très-brillant; diamètre, quatre pouces.

Cette plante, que nous n'avons vue qu'en un seul individu mais bien constituée, est encore plus belle et plus riche que le *triomphant* Lewick's dont-elle est la *perfection*.

Chef-d'œuvre : tige, trois pieds et demi; fleurs parfaites, même dans tous leurs détails; ligules sur vingt à vingt-cinq rangs, toutes en coquilles bien graduées, imbriquées et *beau violet-pourpre*; diamètre, quatre pouces.

Le nom de cette belle plante, est peu modeste, mais elle le mérite. Nous en avons trouvé deux individus dans deux cultures; et les amateurs les admiraient bien particulièrement.

Clarisse : tige, quatre pieds; fleurs aussi très-parfaites, vingt à vingt-cinq rangs de ligules en oreillettes, supérieurement graduées et imbriquées; toutes beau *blanc d'émail* et marginées *rose* vif; diamètre, quatre pouces.

Ce charmant *dahlia*, que nous avons vu dans trois cultures, y tenait constamment une place bien distinguée par sa constance dans toutes ses perfections.

Compacta perfecta : tige, quatre pieds; fleurs belles et très-riches; ligules en oreillettes bien graduées et imbriquées sur plus de trente rangs serrés avec une superbe combinaison; diamètre, quatre pouces à quatre pouces et demi; coloris *violet-amarante*, nuancé *cramoisi-feu*, sur les tranches des ligules.

Countess of Lettrim : tige, quatre à cinq pieds; fleurs d'une beauté remarquable sous tous les rapports; ligules en oreillettes bien arrondies, proportionnées et imbriquées sur vingt-cinq rangs, quelquefois davantage; diamètre, quatre pouces et demi; coloris *rouge* avec nuance terne du *rouge-brique*.

Crimson défiance : tige, cinq pieds; fleurs aussi très-brillantes et précieuses; ligules en charmantes oreillettes bien graduées et imbriquées sur trente rangs bien assemblés et serrés; diamètre, cinq pouces; coloris *cramoisi pourpre foncé* sur étoffe d'un beau velours.

Countess of Pembroock : tige, quatre pieds; fleurs bien pleines, ligules en coquilles creuses bien arrondies et croissantes avec une exacte mesure, en vingt ou vingt-cinq rangs; diamètre, quatre pouces; coloris beau *violet-clair*, *lilacé* et *rosé*.

Cette plante avait été préconisée d'avance comme une grande merveille: elle s'est aussi vendue en conséquence au printemps 1840. Un accident nous en a privés à la fin de juillet. Nous l'aurions sauvée comme plusieurs autres, si le cas que nous en faisions, ne nous eût pas fait recourir aux grands moyens, qui rendent les succès plus rapides et aussi moins sûrs, surtout quand la température est contraire.

Nous avons eu quelques *dahlias*, dont les collets ont été mangés par les *vers-blancs*, nous avons fait revenir à l'eau fraîche les tiges fannées, après leur avoir amputé le collet immédiatement au-desous des restes de l'écorce rongée. Nous avons immédiatement après, replanté ces tiges en bonne terre, et après un bon arrosement, nous les avons couvertes avec un vase ou un panier renversé. Elles se sont parfaitement rétablies, seulement, elles ont été arriérées de trois semaines dans leur marche. Quand pareil accident arrive à une plante unique très-précieuse, et que cette plante vigoureuse et épaisse n'a pas encore de rameaux en pousses latérales dont il soit possible de faire des boutures, si l'on veut la greffer sur tubercule, pour aller plus vite, il est plus sûr que dans une serre à bouture, où un jour de grande chaleur peut la fondre, de la placer à l'ombre sous une cloche, au pied d'un mur exposé au nord.

Pour savoir si nos regrets étaient bien mérités, nous avons eu hâte de voir fleurir cette plante où nous la savions. Nous l'avons vue et revue et à différentes époque dans trois cultures. Nous l'avons trouvée bien dans deux, et très-médiocre dans la troisième; à la vérité, dans cette dernière, la bouture par son état et la date de l'arrivée, devait être une bouture de quatrième génération dans le trimestre précédent. Enfin, toutes choses bien examinées, la *Countess Pembroock*, peut bien être une superbe plante, mais nous la pensons néanmoins capricieuse; puisque parmi les fleurs des deux individus qui ont à peu près satisfait à toutes les exigences, quelques-unes étaient bien en-deçà des autres. D'un autre côté, il faut dire aussi que des plantes d'ailleurs d'un mérite bien reconnu, ont cette année, et parce que c'était cett année, offert bien d'autres irrégularités, sans que l'on en tirât la moindre mauvaise conséquence.

Dancrof rival : tige, cinq pieds; fleurs très-parfaites, et aussi très-brillantes, ligules rondes, supérieurement coupées, graduées et imbriquées, sur vingt-cinq à trente rangs; diamètre, cinq pouces; coloris *écarlate* très-vif, nuancé *rouge-feu.*

Cette plante, que nous avons trouvée dans trois de nos plus célèbres cultures, n'a faibli dans aucune, depuis le commencement jusqu'à la fin de la floraison.

Défiance (Squibb) : tige, quatre pieds ; fleurs parfaites, très-riches et séduisantes; ligules creuses en coquilles bien arrondies, très-élégantes, supérieurement graduées sur vingt-cinq à trente rangs, d'une charmante imbrication; diamètre, quatre bons pouces; coloris *ventre de biche* et *orange* bien *ombré.*

Ce *dahlia* est une véritable perfection bien complète. Il a été le même dans trois cultures où il était très-facile à reconnaître immédiatement aussitôt qu'on l'avait vu une première fois. Nous reconnaissons qu'il n'y a pas à se compromettre en le recommandant. Le nom qu'il porte se traduit en français, par *défi*. On conçoit que M. *Squibb* ait pensé que son *dahlia* défiait tout autre de le surpasser, peut-être même de l'égaler. Dans le premier cas, cet estimable horticulteur pourrait bien pour quelque temps avoir raison; mais dans le second, il se serait déjà trompé pour le présent; et plus tard pour un avenir déjà très-prochain. Nous espérons en 1841, montrer dans nos cultures, quelques *dahlias* français qui ne céderont en rien au défi de M. Squibb.

Dictator (Taylord) : tige, quatre pieds; fleurs très-belles et régulières; ligules en cornets, bien graduées et imbriquées sur vingt à vingt-cinq rangs, toutes d'un coloris *rose-carmin,* et marginées *rose tendre*; diamètre, quatre pouces.

Duke of Richemont : tige, quatre à cinq pieds; fleurs très-pleines, bien faites; ligules en écailles bien arrondies, graduées et imbriquées sur vingt à vingt-cinq rangs ; diamètre, quatre à cinq pouces ; coloris *cramoisi pourpre* nuancé *violet* à l'intérieur velouté des ligules, et *cerise* sur les bords.

Nous avons cultivé cette plante : elle nous a donné toute satisfaction en fleurissant, aussi bien qu'elle l'a fait dans les autres cultures où elle paraissait aussi pour la première fois, à la floraison dernière, et avec un constant succès.

Duc de Mayenne : tige, cinq pieds; fleurs pleines et bien régulières; ligules facturées successivement et par rangées au nombre de vingt-cinq, en cornets, demi-cornets et écailles, le tout étagé, imbriqué et assemblé avec beaucoup d'art et d'élégance; diamètre, quatre pouces et demi; coloris *jaune-serin*.

Cette belle et très-belle plante, dans les trois cultures où nous l'avons successivement trouvée, méritait les mêmes éloges.

Duchesse Dino (Salter) : tige, quatre pieds; fleurs parfaites; ligules toutes en coquilles creuses bien arrondies, supérieurement graduées et imbriquées sur vingt-cinq à trente rangs bien ordonnés entre eux, toutes *blanc* nuancé beurre frais à l'intérieur et *blanc* lavé *lilas* sur les bords ; diamètre, quatre pouces.

Cette plante a été superbe dans les deux cultures où nous l'avons rencontrée.

Dublin Rose : tige, trois pieds ; fleurs très-belles, parfaites et surtout séduisantes ; ligules en oreillettes très-élégantes, graduées avec une remarquable proportion dans leurs vingt-cinq rangs, d'une imbrication courte et serrée; diamètre, trois bons pouces; coloris *rose* d'une des plus brillantes nuances.

Nous considérons cette plante, comme un beau diamant

du genre : nous ne l'avons rencontrée que dans une seule culture où elle s'est très-bien soutenue.

Elisabeth Foster : tige, cinq pieds ; fleurs riches et très-magnifiques ; ligules en oreillettes supérieurement facturées, finement imbriquées et graduées sur leurs vingt-cinq rangs; diamètre, quatre à cinq pouces ; coloris *aurore* vivement nuancé de *vermillon*.

Cette plante, que nous avons vue dans trois cultures, et toujours imprimant l'admiration de sa beauté, se trouve maintenant et à bon droit sur toutes les notes retenues par les visiteurs, quel que soit leur goût particulier.

Emulator : tige, quatre pieds ; fleurs aussi tres-pleines et d'une beauté remarquable ; ligules en oreillettes bien dessinées et sculptées sur vingt à vingt-cinq rangs, arrangés et imbriqués dans les plus artistiques proportions ; diamètre, quatre bons pouces; coloris *beau rose* teinté légèrement *violet*.

Cette plante par ses formes, ses belles proportions et son coloris, se trouve justement la perfection desirée de *hope or metropolitan rose*. Elle est aussi beaucoup plus florifère, grandement moins tardive et bien moins courtement pédonculée.

Nous n'avons pu nous lasser d'admirer cette plante dans nos deux premières cultures commerciales où nous l'avons revue plusieurs fois, avec un plaisir toujours vivemen senti.

Edith Plantagenet : tige, trois pieds ; fleurs pleines et très-bien faites; ligules rondes, bien graduées et imbriquées sur quinze à vingt rangs; toutes *blanc-lilacé* avec nuances *violet* sur les bords; diamètre, quatre pouces.

Nous avons admiré cette plante dans trois cultures, lors de sa première floraison : nous l'avions même notée pour nos cultures de 1841. Plus tard, les fleurs, quoique encore belles avaient cependant assez faibli pour craindre un creusement l'année suivante. Toutefois cette année, comme nous l'avons déjà dit, peut causer aux plantes une faiblesse dont elles peuvent se relever avec bien des avantages l'année prochaine.

Exemplar : tige, de quatre à quatre pieds et demi; fleurs pleines et parfaites ; ligules en coquilles bien régulièrement coupées, graduées et imbriquées sur vingt rangs ; diamètre, quatre bons pouces; coloris des ligules, *rose* belle *nuance* aux limbes, et *rose-saumon* aux onglets.

Cette bonne plante, que nous n'avons trouvée que dans une seule culture, s'y est parfaitement soutenue.

Exquisite (Holm's) : tige, trois à trois pieds et demi ; fleurs très-pleines et parfaites ; ligules en cornets et oreillettes sur vingt-cinq à trente rangs, le tout disposé et proportionné dans un goût vraiment exquis ; diamètre trois pouces et demi ; coloris *blanc-crême* nuancé *rose très-frais* à la circonférence.

Cette plante, que nous avons encore reçue faible et très-tard, a d'abord donné quelques fleurs difficiles à juger ; ensuite à commencer des quatrième et cinquième, elles sont devenues toujours d'une plus grande beauté. Nous en avons trouvé un individu, dans une autre culture et deux dans une troisième, dont toutes les fleurs témoignent du précieux mérite de ce beau dahlia.

Évêque de Bruges : quatre pieds; fleurs très-pleines et aussi d'une grande perfection ; ligules en oreillettes bien graduées et imbriquées sur au moins vingt rangs; diamètre, quatre bons pouces ; coloris *jaune clair*, nuancé *blanc de perle.*

Cette très-bonne plante a aussi justifié sa réputation :

nous ne l'avons point encore rencontrée dans le commerce de Paris, où elle méritait une place distinguée.

Étoile de Flandre (Miellez) : tige, trois pieds à trois pieds et demi ; fleurs très-pleines et bien faites ; ligules creusées en gouttières, sur quinze à vingt rangs, bien gradués et imbriqués ; diamètre, trois bons pouces ; coloris, *cramoisi-pourpre vif*, nuancé *carmin*, depuis le centre jusqu'aux deux tiers du cercle, et l'autre tiers *blanc pur* jusqu'à la circonférence.

C'est une de nos plus belles productions du nord : elle manquait aussi à nos belles cultures du centre.

Fair maid of Klifton : tige, trois pieds, fleurs parfaites, ligules sur quinze à vingt rangs de cornets bien gradués et imbriqués ; diamètre, trois pieds et demi ; coloris *violet rosé* à teintes fort séduisantes et en cercle au milieu des fleurs et *blanc* lavé *lilas* en large zone à la circonférence.

Cette très-jolie plante que nous n'avons rencontrée en fleurs que dans une seule culture, s'y est très-bien soutenue ; elle y a mérité et obtenu de nombreux suffrages.

Gladiator : tige, quatre à cinq pieds ; fleurs très-pleines et très-riches ; ligules en coquilles, sur vingt-cinq à trente rangs, bien proportionnées et imbriquées ; diamètre, cinq pouces ; centre bien bombé ; coloris, beau *rose*, légèrement *violacé* ; bords des ligules en reflets *argentés*.

Cette magnifique plante que nous n'avons trouvée en fleur que dans une seule culture, mérite sous tous les rapports une place même distinguée dans toutes les collections du premier choix.

Glory of Kent : tige, quatre pieds ; fleurs pleines et d'une insigne beauté ; ligules en écailles, rondes, coupées à l'emporte-pièce, assemblées avec une des plus rares perfections, sur vingt-cinq à trente rangs à riche et courte imbrication ; diamètre, quatre bons pouces ; coloris général, *blanc* très-suave, légèrement teinté *rose* et nuancé *violet.*

Cette plante que nous avons vue trois à quatre fois en différentes cultures et à des époques diverses, n'est pas seulement *la gloire de Kent,* elle est aussi moulée pour être celle de toutes les cultures qu'elle embellira.

Grenadier (Jackson) : tige, quatre pieds ; fleurs bien pleines ; ligules en cornets et oreillettes très-élégamment découpés et distribuées ; graduation et imbrication parfaites ; quatre pouces de diamètre ; coloris *aurore vermillonné* dans l'intérieur des ligules, et *orange* en *reflets* en dessous et sur les bords.

Cette très-belle et bonne plante, que nous avons vue quatre à cinq fois, et toujours charmante dans chaque culture , a aussi mérité et obtenu toutes les admirations.

Hélène of Aiton (Cateleu, n° 1092 *Chauvière*) : tige, quatre à cinq pieds; fleurs très-pleines, très-gracieuses, et surtout aussi par une admirable et complète perfection ; ligules sur vingt-cinq à trente rangs, disposées et ordonnées dans le beau fini de tous les détails ; diamètre quatre à cinq pouces ; *lilacé* dans toutes les ligules, et *violet* en *macule* à leur sommité.

Cette plante si belle et si précieuse ne s'est trouvée que dans la seule culture où nous en avons retenu le numéro. Elle y a figuré avec la plus grande et aussi la plus juste distinction.

Honorable mistriss Eden : quatre pieds ; fleurs très-pleines et parfaites ; ligules en cornets et demi-cornets sur vingt-cinq à trente rangs, disposés dans tous les détails avec toutes les proportions et l'ordre du plus bel ensemble ; diamètre, quatre bons pouces ; coloris beau *violet foncé* au centre des fleurs, et *ventre-de-biche*, nuancé *nankin*, en large auréole à la circonférence.

Homère (Squibb) : tige, quatre à cinq pieds; fleurs très-pleine, riches et superbes; ligules en oreillettes, aussi très-élégamment distribuées et imbriquées sur vingt-cinq à trente rangs; toutes d'un beau *cramoisi*, nuancé *rose*; diamètre, quatre à cinq pouces.

Cette plante a également toutes les belles qualités d'un excellent dahlia, sans aucun défaut. Nous ne l'avons trouvée que dans une seule culture.

Hylas : tige, trois à trois pieds et demi; fleurs pleines et très-remarquables, ligules en écailles bien graduées et imbriquées sur quinze à vingt rangs; diamètre, trois pouces et demi; coloris *écarlate* très-vif sur les ligules, *rose* en dessous et sur les bords.

Nous avons admiré cette très-jolie plante dans quatre où cinq cultures.

Hornsey surprises: tige, quatre à cinq pieds; fleurs très-étoffées, très riches de formes et de beaux détails bien réguliers; ligules en cornets, sur vingt à vingt-cinq rangs, toutes d'un beau *rouge foncé* ou *rubis*, dans l'intérieur, et marginées *carmin vif*, surtout au sommet; diamètre, quatre à cinq pouces.

Cette belle plante, que nous avons revue et reçue plusieurs fois, porte avec elle son brevet du premier mérite.

Hypérion : tige, quatre pieds et demi; fleurs très-pleines et bien régulières; ligules et charmantes oreillettes bien graduées et imbriquées sur vingt-cinq à trente rangs; diamètre, quatre pouces et demi; coloris *lilas-rosé*, par-ci, par-là, nuancé ou marbré *blanc-ardoisé*.

Cette plante, que nous avons vue dans trois ou quatre cultures, s'y est également bien maintenue par des fleurs toutes fort bonnes et très-bien faites ; mais, néanmoins, comme elle avait été très-vantée, nous nous attendions encore à quelque chose de plus extraordinaire.

Indépendant (Girling). tige, cinq à cinq pieds et demi ; fleurs pleines et superbes : elles ressemblent à s'y méprendre, à celles du *Duc de Mayenne*, peut-être le coloris *jaune-serin* a t-il une teinte un peu plus chaude.

Nous avons vu cette plante magnifique dans deux cultures ; et dans une troisième, les fleurs en étaient presque toutes ce qu'on appelle simples. Nous avons pensé que c'était une plante épuisée par la troisième ou quatrième extraction d'une même bouture.

Iver champion : tige, trois pieds et demi ; fleurs pleines et bien faites; ligules en cornets et coquilles bien arrondies, graduées et imbriqués sur quinze à vingt rangs; diamètre trois à quatre pouces ; coloris, *jaune-paille*, d'une belle nuance.

Impérial purple : tige trois pieds et demi à quatre pieds, fleurs très-pleines, riches et bien faites, surtout très-étoffées ; ligules sur trente à trente-cinq rangs, toutes bien veloutées et d'un *marron foncé*, éclairé *cramoisi vif* sur les bords des ligules ; diamètre, quatre pouces.

Cette belle et riche plante, dont, comme la précédente, nous n'avons trouvé en fleurs qu'un seul individu, a aussi constamment donné des fleurs parfaites.

Ianthe : tige, cinq pieds ; fleurs très-pleines, bien faites et charmantes; diamètre, quatre pouces et demi ; ligules bien arrondies et imbriquées sur dix-huit à vingt rangs, et toutes d'un beau *violet rosé*.

Cette plante, dont nous n'avons vu qu'un seul individu replanté deux fois, n'a pas donné constamment de très-belles fleurs.

Jacques Shepper : tige, quatre pieds; fleurs très-pleines, supérieurement faites; ligules en cornets au centre, les autres en écailles sur vingt-cinq à trente rangs, le tout bien régulièrement disposé; diamètre, quatre bons pouces; coloris *violet superbe,* à nuances *carmin*, d'un charmant effet.

Jeanne Maillotte : tige, trois à trois pieds et demi; fleurs d'une très-grande beauté unie à une perfection complète; coloris *blanc* légèrement *rosé*. Telle était la description de cette plante, sur le catalogue d'un de nos plus honorables commerçans, qui en avait acheté la propriété sur le succès et les couronnes qu'elle avait obtenus aux expositions du nord.

Cette plante, qu'il a nécessairement fallu multiplier à l'infini pour servir aux très-nombreuses demandes qui en ont été faites de toutes parts, a singulièrement désappointé ceux qui ont obtenu les boutures épuisées qui ont mal fleuri.

Dans nos cultures, elle n'a présenté que des fleurs à un, deux et trois rangs de pétales d'abord, mais la plante dans sa seconde vigueur s'est parfaitement rétablie. Elle nous a donné de superbes et magnifiques fleurs, d'après lesquelle nous la cultiverons avec bien de la confiance l'année prochaine, 1841.

Julia (Robinson) : tige, trois à quatre pieds; fleurs très-pleines, très-gracieuses et très-séduisantes; ligules en cornets bien graduées sur vingt-cinq à trente rangs, d'une courte et superbe imbrication; toutes d'un beau *blanc* d'émail, et marginées *cerise*; diamètre, quatre pouces.

Cette plante, d'un dessin magnifique, et même très-rare a séduit tous les yeux; quoiqu'il se puisse que cela tienne ou à la mauvaise année ou à une multiplication épuisée, toujours est-il que la plante a montré à sa seconde floraison une grande tendance à creuser; laquelle nous donne le regret de ne pouvoir la présenter comme constante ou fixée.

Katte (Nikelby) : tige, quatre pieds; fleurs très-pleines et très-distinguées; ligules en cornets, toutes graduées et imbriquées avec perfection sur vingt à vingt-cinq rangs; diamètre, quatre bons pouces; enfin toutes d'un beau *rose-pur* avec onglet *blanc*.

Cette plante, comme la précédente, a mérité et obtenu la généralité des suffrages des visiteurs.

Leonora : tige de quatre pieds; fleurs pleines, très-bien faites et d'un rose pur et dans toutes les teintes les plus fraîches et non moins séduisantes; diamètre, cinq bons pouces.

Nous avons vu et revu cette plante, dans trois cultures. Elle y a été admirée par presque tous les amateurs, et nous ne pouvons disconvenir que cette plante ne soit superbe, et surtout d'un très-grand attrait de coloris; néanmoins nous regrettons beaucoup ou que les tiges n'aient point un pied de hauteur en plus, ou que les fleurs n'aient point un pouces de diamètre en moins. Nous préfèrerions même cette dernière perfection; surtout si les fleurs conservaient le même nombre de rangées de ligules, au moyen d'une imbrication plus courte et plus serrée.

Lady Fowler : tige, trois pieds; fleurs très-riches et magnifiques; ligules en écailles bien graduées et imbriquées sur vingt-cinq à trente rangs, avec uue perfection finie; diamètre, trois pouces et demi; coloris *cramoisi pourpre*, ombré *maron foncé* sur beau velours.

Cette plante ne laisse absolument rien à désirer.

Lady Bukinghamshire (Gaine) : tige, trois à quatre pieds; fleurs très-pleines et régulières; ligules sur vingt-cinq rangs, toutes creusées en coquilles bien arrondies, graduées et imbriquées, toutes *jaune-aurore* dans l'intérieur et marginées *cramoisi pourpre* vif; celles du centre, présentan un petit cercle des mêmes coloris, mais à teintes bien tranchées par des tons encore plus vifs ou plus chauds.

Cette superbe plante, dans une riche collection même bien choisie, peut y être encore considérée comme une véritable planète.

Landcashire With (Skirwing): tige, trois pieds; fleurs très-riches et superbes; vingt-cinq à trente rangs de ligules arrondies à l'emporte-pièce, supérieurement graduées et imbriquées, ensemble des plus merveilleux; diamètre, trois pouces et demi; coloris *rose-carmin*, d'un brillant effet au centre de la fleur, et *blanc bordé rose* dans un large pourtour.

Cette plante a obtenu dans les deux cultures où nous l'avons rencontrée, les justes honneurs que lui méritait sa grande et fraîche beauté. Nous sommes du très-petit nombre de ceux qui, tout en l'admirant, regrettaient que les pédoncules en fussent un peu courts; parce que, si les pédoncules en étaient aussi robustes et bien mesurés que dans le dahlia précédent, nous eussions pu le citer comme l'un des plus beaux et à la fois des plus parfaits modèles du genre, sans craindre aucune contradiction, encore bien que cette plante exige une taille ou au moins un ébourgeonnement bien combiné.

Lady Copley : tige, trois pieds; fleurs pleines et très-bien faites; ligules sur vingt à vingt-cinq rangs, toutes en cornets, très-bien graduées et imbriquées; diamètre, trois à quatre pouces; coloris *blanc pur* au milieu des fleurs, et *rose* jusqu'à la circonférence d'une admirable exactitude.

Lady Powlett : tige, quatre à cinq pieds; fleurs très-pleines et d'une facture des plus artistiques sous tous les rapports; diamètre 3 pouces et demi à cinq pouces ; coloris *rose lilacé*, d'une nuance des plus suaves.

Nous avons vu cette plante et chez nous et ailleurs, aussi merveilleuse à la fin qu'au commencement de la floraison.

Lady Baturst : tige, deux à trois pieds; fleurs très-pleines, très-jolies et très-nombreuses ; ligules en écailles bien graduées et imbriquées sur vingt à vingt-cinq rangs; diamètre, trois pouces ; coloris, *beau blanc*, bords des ligules marginés *rose*.

Cette plante, très-bonne et gentille, demande néanmoins à être éclaircie et bien ébourgeonnée.

Lady Douglass (Earles) : tige, trois à quatre pieds ; fleurs très-pleines, et même très-riches, ligules successivement disposées en cornets et oreillettes du style le plus élégant, avec graduation et imbrication parfaites ; diamètre trois pouces et demi à quatre pouces; coloris, *rose* nuancé *brique*, dans les teintes d'un bel effet.

Lord Dudley (Stewart) : tige, quatre pieds; fleurs d'une beauté transcendante; vingt-cinq à trente rangs de ligules en cornets et oreillettes très-serrés, supérieurement découpés, gradués et imbriqués, centre bien bombé et magnifique ; diamètre, quatre bons pouces ; coloris, *rouge-feu*, ombré *marron*.

Dans une collection médiocre, cette plante astrale y ferait l'effet du soleil sur les étoiles.

Lady Baring : tige, quatre à cinq pieds ; fleurs très-pleines, épaisses et bien faites ; diamètre, quatre pouces et demi ; coloris, *rose-violacé*, souvent panaché *violet-pourpre*. Sans être une merveille, c'est néanmoins une bonne plante.

Marchioness of Lettrim : tige, trois à quatre pieds ;

fleurs très-pleines et admirables sous tous les rapports; ligules rondes, découpées en écailles légèrement creuses, graduées et imbriquées avec beaucoup d'élégance, sur vingt-cinq à trente rangs ; diamètre, quatre bons pouces ; coloris *blanc-perle* à nuances virginales *rose-carné*, très-léger.

Cette plante est encore un véritable diamant.

Maresfield hero : tige, cinq pieds ; ligules en oreillettes bien découpées et graduées sur vingt-cinq à trente rangs disposés en trois quarts de globe; lesquelles ligules merveilleusement imbriquées, sont toutes d'un beau *jaune queue-de-serin*; et la plupart maculées *marron clair* au sommet ; diamètre, quatre pouces et demi à cinq pouces.

Cette plante que nous avons vue dans quatre à cinq cultures, a constamment soutenu sa réputation distinguée.

Maresfield hero : tige, cinq pieds et demi; fleurs très-pleines et très-bien faites ; ligules en cornets et oreillettes bien étagés et graduées sur quinze à vingt rangs aussi bien imbriqués ; diamètre, cinq pouces; coloris *violet* à deux superbes nuances d'opposition.

Nous avons vu deux individus de cette riche plante, et toujours avec une satisfaction bien complète.

Marginatum superbum : tige, trois à quatre pieds; fleurs très-pleines, épaisses et bien étoffées ; ligules en écailles plissées, légèrement creuses et supérieurement arrondies, graduées et imbriquées, sur dix-huit à vingt rangs ; diamètre, quatre bons pouces ; coloris, *marron foncé* au milieu, et rubanné *cramoisi-pourpre*, assez scintillant sur les bords et notamment au sommet des ligules.

Metella : tige, trois pieds ; fleurs bien pleines et très-jolies; ligules façonnées en lampions à bords cannelés ou festonnés très-gracieusement, le tout sur vingt à vingt-cinq rangs bien gradués et imbriqués; coloris, d'un *violet* à très-belles nuances; diamètre, trois à quatre pouces.

Ces deux dernières plantes vues dans plusieurs cultures, se sont constamment maintenues à un haut degé de mérite.

Miss Amelia (Malcolm) : tige, trois pieds; ligules en écailles supérieurement découpées et aussi disposées, sous tous les rapports, avec une rare élégance, sur vingt-cinq ou trente rangs aussi imbriqués avec une rare perfection. Toutes ces ligules blanc *perle-fine,* avec larges onglets *blanc rosé;* diamètre, trois à quatre pouces.

Cette plante est aussi une conquête des plus méritantes.

Maid of Athens : charmant petit dahlia de deux à deux pieds et demi; fleurs pleines très-jolies; diamètre, trois pouces; coloris blanc de céruse maculé *rose-pourpre*, violacé au sommet des ligules.

Montblanc : fleurs pleines, assez brillantes et d'un bel effet; coloris blanc très-pur; tige, trois pieds et demi à quatre pieds; diamètre, cinq pouces.

Cette plante, d'ailleurs à beaux effets, nous laisse à regretter que ses belles ligules rondes ne soient point de quelques rangs plus nombreux et surtout plus serrés, ensuite que la tige ne soit pas au moins d'un pied plus haute, ou bien le diamètre de la fleur d'un bon pouce moins grand.

Mistriss Widnall : (Miellez) : tige, quatre pieds; fleurs des plus insignes d'attraits et de célestes perfections; ligules en cornets et oreillettes richement découpées, pressées, graduées et imbriquées; diamètre, quatre pouces; coloris général, blanc à teintes très-fraîches et légères *lilas*, violet purpurin au centre, et auréole parallèle *lilas bleuâtre* à la circonférence.

Ce beau gain 1839, obtenu par M. Miellez, qui le pos sède encore seul, a été ce que nous avons vu de plus riche et de plus brillant cette dernière année.

Mary ann Moore (Kroft) : tige, deux à trois pieds ; fleurs pleines et bien faites ; ligules en coquilles bien arrondies, graduées et imbriquées sur quinze à dix-huit rangs ; diamètre, trois pouces ; coloris *ventre de biche*, nuancé rose d'un très-bel effet. Cette aimable et jolie petite plante, sans être très-riche, n'est cependant point déplacée dans une collection du premier choix. Nous en avons vu deux individus, l'un dans notre culture et l'autre ailleurs, et toujours avec plaisir.

Monarch : tige, cinq à six pieds et demi ; fleurs très-pleines, très-élégantes et supérieurement facturées ; ligules en coquilles creuses supérieurement graduées, imbriquées, plissées et serrées ; diamètre, cinq pouces, cinq pouces et demi ; coloris, couleur de *chair* foncée et quelques teintes rose fondu.

Cette plante a constamment et partout offert des fleurs d'une rare et bien précieuse perfection, mais elle laissera toujours, et à tout connaisseur, le regret que les pédoncules, d'ailleurs gros et grands, soient mous et souvent en col de cygne. Cependant, malgré ce défaut, et quoique le coloris assez équivoque en soit peu séduisant, grand nombre d'amateurs veulent conserver ou se procurer cette plante ; tant la facture des fleurs en est riche et constante.

Nous, nous la conservons seulement comme excellent porte-graine.

Nicolas Mikelby : tige, trois ou quatre pieds ; fleurs très-pleines, bien bombées et très-parfaites ; ligules creusées en lampions à bords très-élégamment ondulés et arrondis, le tout d'une graduation et d'une imbrication admirables dans le merveilleux de son ensemble; intérieur de ces légules *ventre de biche*, et violet rosé en dessous et sur les bords; diamètre, trois à quatre pouces.

Cette superbe et riche plante a mérité, dans les deux cultures où nous l'avons vue, la plus juste admiration sous tous les rapports.

Nero (Parson): tige, quatre pieds; fleurs très-pleines, très-régulières, et surtout aussi très-riches et brillantes; ligules en coquilles creuses élégamment sinuées sur les bords, toutes graduées, imbriquées et enchassées avec une perfection vraiment magique, sur plus de vingt-cinq à trente rangs; diamètre, quatre pouces; coloris *violet rosé*.

Cette plante, dont nous avons admiré les fleurs de deux différentes cultures, ne cède en rien pour les formes rares et magnifiques aux fleurs de *Monarch*, dont nous avons parlé plus haut; et les pédocules, sans la force et la hauteur proportionnée desquels nous n'admettons point de plantes comme parfaites, sont même très-remarquables dans le superbe *dahlia* que nous venons de décrire.

Optimé (Torthell): tige, trois pieds; fleurs pleines et bien faites, ligules en cornets bien gradués et imbriqués sur vingt rangs; coloris, *violet-rosé* avec nuances légères de *rose-saumon*; diamètre, trois bons pouces.

Cette plante dans les deux cultures où nous l'avons rencontrée, a constamment fait très-bien.

Patent: tige, trois à trois pieds et demi; fleurs très-pleines et surtout aussi d'une rare et très-remarquable beauté; ligules sur trente et trente-cinq rangs, toutes en cornets, supérieurement graduées et imbriquées; celles du centre très-courtes et serrées, offrent un cercle plein, dont le travail et le léger renfoncement sont d'un gracieux infini; diamètre, trois à trois pouces et demi; coloris *cannelle foncé* et transparent sur nuance *aurore*.

Cette plante est encore la propriété exclusive de M. *Salter*. Nous ne connaissons point de fleurs dont la riche facture soit supérieure, et très-peu dont elle soit égale à celle-ci.

Pénélope (Heedley) : tige, quatre pieds; fleurs pleines et très-bien faites; ligules bien arrondies et graduées, et imbriquées, sur quinze à seize rangs; diamètre, quatre bons pouces; coloris, *blanc rosé*, sommet des ligules moucheté *violet*.

Cette plante a très-bien fait dans les trois à quatre cultures où nous l'avons vue toujours belle. Nous regrettons néanmoins qu'elle n'ait pas dans sa belle et large facture, quelques rangs de pétales de plus, et faute desquels nous ne serons pas surpris de voir ses belles fleurs se creuser plus tard.

Primat of Ireland : tige, cinq pieds; fleurs très-pleines et magnifiques, ligules en coquilles sur vingt à vingt-cinq rangs; toutes bien graduées et imbriquées; diamètre cinq pouces; coloris, beau *violet pourpré*.

On peut généralement aussi considerer ce *dahlia* comme une plante capitale de collection.

Phœnomenon : quatre à quatre pieds et demi; fleurs très-pleines et aussi d'une insigne et rare beauté, vingt à vingt-cinq rangs de ligules en cornets et coquilles, supérieurement arrondis, gradués et imbriqués, *blanc perle* à l'intérieur, et *blanc rosé* très-frais à la circonférence; diamètre, quatre bons pouces.

Cette plante que nous avons vue dans trois à quatre différentes cultures, y était très-digne de son nom.

Queen of Ingland : tige, trois pieds et demi; fleurs très-pleines et parfaites; ligules et coquilles très-gracieuses supérieurement étagées et imbriquées sur dix–huit à vingt rangs, toutes *blanc de perle* et legèrement marginées *lilas* d'une belle et vive nuance, diamètre, trois à quatre pouces.

Queen Dowager (Jackson) : tige, trois à quatre pieds ; fleurs pleines et superbes; ligules successivement et graduellement découpées en cornets, oreillettes et coquilles avec une très-riche et non moins élégante imbrication sur vingt à vingt-cinq rangs; coloris *blanc pur* depuis le centre jusqu'aux trois quarts du rayon ; le quatrième quart terminé par la circonférence, *blanc carné* d'un très-bel effet ; diamètre, trois à quatre pouces.

Queen of Sarum : tige, quatre à quatre pieds et demi ; fleurs pleines, supérieurement faites, ligules en coquilles sur vingt à vingt-cinq rangs, toutes bien graduées et imbriquées ; diamètre, quatre bons pouces ; coloris *lilas* nuancé *rose* et *gris de lin.*

Ces trois dernières plantes sont bien les plus belles *queen* anglaises que nous ayions jamais vues.

Regina (Grégory) : tige, trois pieds; fleurs en tout parfaites ; ligules en écailles bien arrondies, graduées et imbriquées sur vingt à vingt-cinq rangs; diamètre, trois bons pouces; coloris *cramoisi-pourpre*, nuancé *cramoisi-feu.*

Cette plante très-précieuse, s'est parfaitement soutenue partout où nous l'avons rencontrée.

Rival Scarlett : tige, quatre pieds ; fleurs très-pleines et très-régulières ; ligules en cornets et demi-cornets, disposées et graduées avec les proportions les plus parfaites sur vingt rangs ; diamètre, quatre pouces ; coloris *écarlate* d'une très-belle et brillante nuance.

De tous les *Scarlett*, et *Scarlett perfection* anciens et nouveaux, c'est le meilleur que nous ayions rencontré jusqu'à présent : aussi est-ce une plante vraiment parfaite.

Recovery (Towand) : tige, deux pieds et demi à trois pieds; fleurs très-pleines et des plus parfaites ; ligules en cornets et demi-cornets sur vingt à vingt-cinq rangs, graduées, serrées et imbriquées avec une admirable élégance; diamètre, trois pouces ; coloris *vermillon-orangé*, nuances fondues des plus séduisantes.

Rouge et noir (Ancell's) : tige, quatre pieds ; fleurs très-pleines et superbes ; ligules en cornets et oreillettes bien graduées et imbriquées sur vingt-cinq à trente rangs très-serrés; diamètre, quatre bons pouces; coloris *marron* très-foncé à nuances tranchantes de *pourpre* et d'*amarante*.

Sir William Midleton (Gaines) : tige, quatre pieds ; fleurs très-pleines et bien bombées ; ligules en cornets et coquilles supérieurement graduées et imbriquées avec une grande perfection sur vingt à vingt-cinq rangs bien serrés; diamètre, quatre bons pouces ; coloris *jaune-olive* dans l'intérieur des ligules et *violet-rosé* en dessous et sur les bords.

Cette plante, dont nous n'avons vu les fleurs que dans deux cultures, est d'une beauté à la fois très-rare et ravissante.

Sunbeam (Squibb) : tige, trois pieds ; fleurs hémisphériques très-belles, bien pleines et aussi d'une grande attraction ; ligules en cornets et coquilles découpées, graduées, et imbriquées dans un ordre admirable, sur vingt-cinq rangs et plus ; diamètre, trois bons pouces; coloris, *jaune-cannelle* et *ventre-de-biche*, relevé par des nuances *orangées* très-fines et agréables.

On aurait trouvé le moyen de créer des dahlias à volonté,

que l'imagination la plus féconde n'aurait pu créer rien de plus brillant.

Surprise (Miellez) : tige, quatre à cinq pieds; fleurs bien pleines, très-gracieuses et parfaites; vingt rangs de ligules en cornets et coquilles, en tout supérieurement disposés; diamètre, quatre bons pouces; coloris, *jaune-serin*, teinté çà et là *blanc* bien pur, vers la circonférence.

Speranza : tige, quatre pieds; fleurs riches et magnifiques; ligules en cornets et écailles aussi très-régulièrement gradués et imbriqués sur vingt à vingt-cinq rangs; diamètre, quatre à quatre pouces et demi; coloris, beau *pourpre-brun* bien velouté et nuancé *amarante*.

Cette plante, que nous n'avons trouvée en fleurs que dans une seule culture, quoique bien tourmentée par les vers blancs, n'a pas moins pour cela donné constamment des fleurs très-parfaites.

Variabilis : tige, cinq pieds; fleurs magnifiques, très-épaisses et bien faites; ligules en cornets bien gradués et imbriqués sur vingt à vingt-cinq rangs; diamètre, cinq pouces; coloris, beau *pourpre velouté* dans l'intérieur des cornets, et *rose* en dessous et sur les bords.

Cette plante, comme toutes celles dont les fleurs ont été décrites plus haut avec des fleurs aussi étoffées, a également les pédoncules de fer, indispensables pour les soutenir et bien présenter.

Williams Forster : tige, quatre à cinq pieds; ligules en coquilles rondes, bords très-gracieusement ondulés ou festonnés, toutes ordonnées, graduées et imbriquées avec grande perfection, sur trente à trente-cinq rangs; ensemble présentant une surface semi-globuleuse, légèrement inclinée sur un très-fort pédoncule, détachant bien aussi les fleurs très-nombreuses de la plante, toutes d'un su perbe *violet* bien nuancé; diamètre, quatre pouces et demi à cinq pouces.

Windsor rival : tige, trois pieds; fleurs très-pleines et supérieurement facturées; ligules en cornets et demi-cornets aussi gradués et imbriqués sur vingt à vingt-cinq rangs, disposés dans un ordre merveilleux; diamètre, trois bons pouces; coloris *écarlate* bien brillant, à l'intérieur des cornets, *nankin* en dessous, et *nankin-orangé* sur les bords faisant reflets admirables.

La facture des fleurs de cette très-précieuse plante, que nous avons suivie dans trois ou quatre cultures, se rapproche beaucoup des formes si distinguées de celles du *Dahlia Patent*, décrit plus haut.

Vitruvius (Davis) : tige, quatre pieds et demi, fleurs très-pleines et très-riches; ligules sur vingt à vingt-cinq rangs, toutes en coquilles parfaites et à sommets bien arrondis; graduation et imbrication admirables; diamètre, quatre pouces et demi; coloris, *violet-évêque*, nuancé *rose*, avec reflets *lilas*.

Nous avons vu en fleurs d'autres *Vitruvius*, aussi très-beaux, à peu près dans les mêmes nuances; celui de *Davis* nous a paru le plus méritant, sous tous les rapports.

Unrivalled (Taylord) : tige, trois pieds; fleurs très-pleines et parfaites; ligules en cul-de-lampe, à bords gracieusement sinueux et très-légèrement réfléchis en dessus, toutes aussi graduées et imbriquées avec une grande élégance sur vingt à vingt-cinq rangs; intérieur, *violet foncé* et bien velouté, bords aussi très-légèrement nuancés *lilas*; diamètre, trois bons pouces.

Tous les amateurs les plus difficiles et aussi les plus curieux pour les formes parfaites de tous les styles, pardonnaient au dahlia *Rambler*, ses mauvais caprices; parce qu'ils ne pouvaient se lasser de l'admirer, quand il justifiait son nom synonymique de modèle des perfections. La nature a semblé vouloir les récompenser de leur constante indulgence, en leur offrant *Unrivaled,* puisqu'il est en tout supérieur à *Rambler*, même sous le rapport des pédoncules: nous croyons de plus qu'il ne creusera point, comme ce dernier; parce que les trois individus que nous en avons suivis dans cette mauvaise année, n'ont pas donné la moindre fleur, ni mauvaise, ni même capricieuse; tandis que partout, à la seconde floraison, celles de *Rambler* se sont démenties sur les individus qui primitivement avaient ranimé l'admiration des amateurs.

Upvay rival (Harris) : tige, quatre à quatre pieds et demi ; fleurs très-riches, et aussi d'une rare beauté ; ligules en cornets et oreillettes d'une très-grande perfection, gradués et imbriqués avec tout le fini désirable, sur vingt-cinq à trente rangs ; diamètre, quatre à cinq pouces ; les fleurs hémisphériques, sont *violet-carmin* au centre bien dessiné en cercle concentrique, et *violet-rosé* très-frais sur le surplus du grand cercle jusqu'à la circonférence.

Utopia (Soaman) : tige, quatre pieds ; fleurs bien pleines, ligules en oreillettes bien graduées et imbriquées sur vingt à vingt-cinq rangs bien ordonnés ; diamètre, quatre bons pouces ; coloris, *violet-rosé* d'une superbe nuance.

Nous venons de décrire tous les dahlias nouveaux qui, en 1840, nous ont paru les plus dignes du choix et des soins des amateurs spéciaux.

On remarquera que le nombre de ces plantes s'accroît toujours en proportion des progrès que, depuis deux à trois années surtout, font les fleurs de ce beau genre sous le rapport des formes et de leurs styles plus ou moins riches, plus ou moins élégans et compliqués, comme sous celui des coloris et des nuances rares et variées, dont la définition est toujours plus embarrassante et difficile.

En considérant tous ces progrès sous les divers points de vue, on s'imagine, et avec raison, qu'ils doivent nécessairement avoir un terme ; qu'au-delà de ce terme, le dahlia pourra bien se répéter avec peu ou point de variantes dans les semis, mais ne produira plus rien de nouveau qui puisse étonner ou surprendre. On en juge ainsi, parce que l'on se rappelle que ces résultats ont eu lieu pour bon nombre de genres précédemment cultivés avec le même zèle et la même affection que le *dahlia*. Si l'on s'est bien refroidi pour la culture, aujourd'hui assez restreinte de ces genres précédemment en vogue, c'est parce que, dit-on, ils ne produisaient plus rien de nouveau ; c'est parce qu'enfin la culture par semis en avait épuisé ou terminé la révolution.

Sans doute les *auricules*, les *jacinthes*, les *renoncules*, les *anémones*, les *œillets* fonds blancs ou *flamands*, depuis très-grand nombre d'années, ne produisent plus dans leurs semis que des *variétés* qui, telles précieuses et admirables qu'elles puissent être, ne peuvent plus surprendre les amateurs spéciaux et expérimentés. Mais comme il faut beaucoup de temps pour se monter une belle et bonne collection dans tous ces genres, et comme aussi l'entretenir à son maximum de beauté, comme on le peut par les semis, demande également beaucoup de soins, ce n'est pas justement par la raison que l'on en donne que ces genres-là ont perdu leur grande vogue, c'est-à-dire ont cessé seulement de concentrer les goûts du plus grand nombre des amateurs ; car beaucoup encore, dans certains pays, leur conservent toujours une très-grande affection, et presque tous les voient avec tout l'intérêt qu'ils méritent.

Ce qui prouve que ce n'est point parce que ces genres ont été complétement explorés par la culture, qu'ils ont perdu de leur vogue, c'est qu'il en est de même pour les tulipes, dont la constante culture obtient tous les ans des plantes parfaites pour les formes toujours plus régulières, mais encore nouvelles pour les *coloris*, comme nous offrons de le prouver aux amateurs les plus rompus dans cette culture.

Toutes ces plantes n'ont perdu de la préférence dont elles ont été en possession si long-temps, que depuis les progrès de la culture des rosiers, développée bien plus tard par les semis. Les rosiers n'auraient même pu leur faire aucun tort, puisqu'ils ne luttent point avec ces plantes par une floraison simultanée; puisqu'au contraire celle des roses vient à merveille pour leur succéder plus ou moins immédiatement ; et sous ce rapport elles ne peuvent qu'augmenter, loin de le diminuer, le prix des plantes qui les précédaient. Il faut donc reconnaître que la plupart des amateurs, ne pouvant tout soigner ou faire soigner avec l'attention soutenue dans tous les détails que demande la culture des collections à nombreuses variétés, ont dû opter; et attendu qu'indépendamment du grand mérite d'un genre quelconque, celui de la nouveauté est toujours d'un grand poids, il n'y a pas eu à s'étonner si les roses ont alors obtenu tant de préférence.

Si d'un côté, les collections de plantes bulbeuses et tuberculeuses avaient et ont encore l'avantage de parfaitement convenir aux amateurs soumis à des changemens annuels de domicile, nous avons conçu qu'en cas d'option obligée, les roses reçussent tant de préférences, parce que la durée de leur floraison, la suavité de leur parfums et aussi leur culture assez facile pouvaient bien faire balancer en leur faveur.

Malgré tous ces avantages, les rosiers néanmoins ont subi à leur tour un échec dans la grande vogue qu'ils ont enlevée aux autres plantes qui les y avaient précédés; et la plupart des amateurs qui ne veulent ou ne peuvent s'adonner foncièrement qu'à la culture d'un seul genre bien varié, depuis trois à quatre ans ont donné la préférence au *dahlia*, c'est-à-dire depuis que ce genre, par une culture habile et savante tout à la fois, nous a donné des plantes dont les fleurs par leur beauté et leur perfection justifient bien la vogue dont elles jouissent maintenant.

Il est très-probable qu'un grand nombre d'amateurs ont fixé comme nous leur attention sur la hausse et sur la baisse de la vogue des plantes, qui ont successivement capté la préférence des amans de Flore ; qu'ils en ont chacun à leur manière, expliqué les causes; et que c'est enfin, par suite de ces réflexions ou méditations, que beaucoup aujourd'hui s'inquiètent déjà de la destinée future plus ou moins prochaine du *dahlia*.

On pense assez généralement que cette année, sous le rapport de la richesse, de la beauté et de l'élégance variée du style de leurs formes, comme sous celui des variétés et nuances infinies des couleurs, les dahlias ont atteint, sans pouvoir le surpasser, le dernier période de leur perfection, même considérée sous tous les points de vue possibles.

Nous remarquons à cet égard, que déjà en 1835, nous avons bien des fois entendu les mêmes réflexions sur la beauté prétendue, *le nec plus ultrà* de cette époque; et qu'il n'y a pas de raison pour qu'il n'en soit encore de même de 1840 à 1846. Si, comme cela est plus que probable, le dahlia par les semis toujours croissans que l'on en fait chaque année, arrive enfin à compléter aussi sa révolution, c'est-à-dire, à ne plus répéter seulement avec quelques variantes plus ou moins légères, que ce qui serait déjà connu, et, selon nous, cette époque n'est pas encore aussi prochaine que l'on veut bien le prétendre, ce ne serait pas encore une raison pour que le *dahlia* fût détrôné comme on le prédit. Il partagera toujours au moins avec toutes nos belles plantes, la vive affection des amateurs; et toujours aussi, durant l'automne, il sera l'*Empereur absolu* de nos parterres, tant et aussi long-temps qu'une plante supérieure, sous les rapports d'une culture non moins prompte que facile, ne pourra, par des fleurs simultanées, éclipser les siennes pendant les trois à quatre mois qu'ils auraient à concourir ; et cette plante-là est à trouver ; la perspective en est si loin, qu'elle n'existe même pas encore dans l'imagination de personne.

D'un autre côté, parce que la révolution du dahlia serait considérée comme entièrement connue, ce ne serait pas encore une raison pour qu'il perdît de sa vogue, pas plus que n'ont perdu de la leur beaucoup de plantes après leur révolution bien épuisée; parce que le *dahlia*, dégénérant aussi, on sera toujours très-heureux d'en recouvrer les mêmes variétés plus fraîches et plus vigoureuses, lorsqu'on les aura perdues, ou par une longue série de la multiplication, ou par tant d'autres circonstances, qui peuvent en priver comme nous ne le savons que trop.

Puisque depuis cinq ans, l'on croit toujours être parvenu à la plus grande perfection et aux dernières nouveautés du *dahlia*, comme nous le disions plus haut, il n'y a pas de raison pour que nous ne répétions encore la même chose dans un bien plus grand nombre d'années. Indépendamment de cette circonstance, bien suffisante pour encourager les amateurs et cultivateurs qui sèment, à continuer leurs explorations, c'est que le *dahlia* est bien plus fécond que le rosier, non-seulement pour ses nombreuses variétés du style, des formes, des dimensions et surtout des couleures et nuances de ses fleurs, mais encore pour la *hauteur* et le *facies* de ses tiges, comme pour la force et la tenue des pédoncules. Ainsi, en admettant que le rosier soit arrivé à trois cents trois cent cinquante belles variétés fixes, le dahlia est encore loin de ce terme pour les variétés que l'on pourrait citer comme telles, déjà depuis quelques années ; puisque parmi les plus beaux dahlias que nous avons vus fleurir en 1839, nous sommes loin et à beaucoup près, comme nous le verrons dans les pages suivantes, de compter autant de bonnes variétés ; puisque, enfin, le dahlia, qui n'a mérité et obtenu sa grande vogue, que depuis deux à trois ans, a encore à pénétrer dans un beaucoup plus grand nombre de cultures et de jardins, que ceux où il est déjà reçu; et dans la plupart de ces dernières, il n'y existe même encore que comme plante de mode, représentée seulement par des dahlias à cinquante ou soixante-quinze centimes c'est-à-dire les mises-bas des amateurs connaisseurs. Ces mises-bas conduiront avec le temps au désir de se procurer les plantes parfaites. C'est ainsi que le goût se propage de plus en plus chaque année. Les expositions publiques concourent aussi à cette propagation qui a encore du chemin à faire, comme le développement complet de toutes les facultés du *dahlia*, avant d'arriver au temps où ces plantes pourront ou plutôt pourraient être abandonnées pour quelque chose de mieux.

Beaucoup de dahlias, l'année dernière 1839, avaient déjà révélé, pour la première ou seconde fois, les grandes espérances que les amateurs pouvaient concevoir, des nouveaux progrès auxquels ces plantes étaient encore appelées par la bienveillante nature, mais comme récompense seulement du zèle et de l'intelligence des cultivateurs qui la seconderaient.

Parmi les dahlias que nous avons décrits alors, bon nombre cette année 1840, ont supérieurement justifié leur description, et méritent le meilleur accueil dans toutes les cultures où ils n'ont point encore eu leur entrée. Ils peuvent et avec le plus grand succès, concourir avec les *perles* et les *diamans* nouveaux que nous avons décrits cette année, à former ou à soutenir la réputation des cultures les plus distinguées et les plus méritantes de ce beau genre.

Tels sont les dahlias suivans :

Aucell's unic : tige, deux à deux pieds et demi; fleurs parfaites, *jaune* superbe, maculé *cannelle*. On reproche seulement aux fleurs de cette plante, le rétrécissement de leur diamètre de trois pouces et demi à deux et même moins, entre les premières et les suivantes.

Beauté de Belmont : cinq à cinq pieds et demi; fleurs magnifiques, coloris *écarlate* des plus brillans. Cette variété, l'année dernière, a donné des fleurs creuses au début, dans quelques cultures, mais les suivantes ont été superbes; et dans d'autres, elles ont toutes été très-constantes.

Beauty of Edimbourg : tige trois à quatre pieds; fleurs parfaites, *marron* nuancé *cramoisi*.

Calliope (Spencer) : quatre à cinq pieds; fleurs très-gracieuses, *cramoisi* nuancé *rose*.

Cambridg's hero : cinq à six pieds; toujours très-belles et bonnes fleurs, superbes et robustes pédoncules, *marron* nuancé *violet*.

Ceres (Guirling) : trois à trois pieds et demi; *cramoisi pourpre brun* sur fleurs bien régulières.

Climax : quatre à cinq pieds; *violet brun* à légère nuance *lilas*.

Comte de Paris (Salter) : trois à quatre pieds; fleurs bien régulières et d'un beau *jaune*. Comme tant d'autres, l'année dernière 1840, cette variété a faibli dans quelques cultures, mais dans le très-grand nombre elle s'y est très-bien maintenue.

Comtess of Torrington : cinq à six pieds; fleurs toujours charmantes, *blanc de perle*, moucheté *lilas-rose* sur les bords. On lui reproche de n'avoir des pédoncules que suffisans. Nous ne poussons pas, nous, les exigences aussi loin : quand une plante a toutes les qualités qui lui suffisent, nous trouvons que c'est déjà une bonne plante, surtout quand les coloris en sont encore rares ou précieux.

Contender (Stanford) : quatre pieds; fleurs charmantes, beau *cramoisi* bien ombré et velouté.

Il ne faut pas confondre cette plante avec *Contender* (Guirling) dont les fleurs sont à la fois très-pauvres et trop petites.

Defiance (Harwood) : quatre pieds; fleurs parfaites, *violet pourpré*.

Diana Vernon : trois pieds; fleurs très-bien faites, beau *violet* foncé.

Dom Juan : deux à trois pieds; fleurs très-régulières et gracieuses, *cramoisi-pourpre* foncé et bien velouté.

Dona Anna : trois à quatre pieds, fleurs parfaites et *cramoisi* très-vif.

Duchess of Portland : trois à trois pieds et demi ; fleurs bien gracieuses et régulières, beau *blanc* légèrement lavé *rose*.

Duchess of Richemont : cinq à cinq pieds et demi; fleurs très-riches et surtout bien séduisantes, *rose-carmin*, nuancé *saumon*.

Duke of Ruthland : quatre pieds ; fleurs bien régulières et d'une charmante facture, *violet* foncé, nuancé *prune*.

Egyptian Prince : cinq à six pieds ; fleurs magnifiques et très-étoffées, *marron* foncé et velouté.

Cette plante ne se développe dans toute sa beauté qu'en bonne terre franche dite normale et à l'air bien libre ou ambiant. En terre légère et dans le voisinage trop près de plante ou de tout corps qui l'ombrage tant soit peu, la plante s'élève à plus de six pieds et toutes les proportions qui en font le mérite sont rompues.

Elisabeth Trentfield : deux à deux pieds et demi ; fleurs d'une grande perfection, *blanc* très-frais, ligules marginées *lilas*.

Elphinston's Bonaparte : cinq pieds et demi ; fleurs modèles, *marron* foncé, passant au *violet pourpré*, quand la température s'affaiblit.

Fire Ball : trois à quatre pieds ; fleurs bombées, souvent presque entièrement globuleuses, *écarlate* des plus brillans, et ombrées *brun* au centre.

Cette plante est, il faut le dire, d'un très-grand effet, tant pour sa belle facture en cornets bien gradués et supérieurement imbriqués que pour les teintes chaudes et brillantes de son superbe coloris; néanmoins nous ne lui croyons pas un long avenir, parce que pour qu'elle détache bien ses fleurs, il faut la soumettre à un ébourgeonnement très-sévère et surtout bien entendu, autrement force serait de la tailler ou élaguer plus tard; ce qui, suivant nous, dépare toujours une plante un peu plus un peu moins, selon l'adresse et le discernement de qui fait cette opération. D'un autre côté, les fleurs si belles et si bien facturées de ce dahlia, n'attendent pas pour se déformer qu'elles soient flétries : elles sont au contraire encore assez fraîches quand les ligules du centre se croisent et se mêlent dans le désordre le plus désagréable, ce qui toujours, selon nous, est un très-grand défaut; une plante parfaite doit défleurir encore avec assez de grâces pour laisser deviner la beauté de sa première fraîcheur et emporter ou causer des regrets. Il en est et doit en être des beautés florales comme des beautés humaines dont le crépuscule jette encore souvent un éclat qui retrace tout ensemble à l'œil exercé tous les charmes de leur séduisante aurore et de leur brillant midi.

Hero of Sewen oak's : quatre pieds; fleurs toujours plus brillantes que jamais, *violet-prune*, nuancé *rose carminé*.

Quoique cette plante date déjà depuis trois ans, elle n'est encore surpassée, sous aucun rapport, par aucune autre des plus nouvelles.

Hoche (Salter) : trois à quatre pieds; fleurs très-belles, absolument du même style que celui des fleurs du dahlia *Fire Ball*; elles sont *écarlate*, nuancé *orange*, et se détachent mieux du feuillage moins exhubérant.

Iver hero : quatre à cinq pieds; fleurs aussi très-brillantes, *cramoisi-pourpre* à reflets, *cérise* et *lilas*.

Assez généralement cette plante est considérée comme très-précieuse. Nous regrettons, nous, que les pédoncules en soient un peu trop longs et surtout un peu fluets.

Julia (Clarck's) : trois à trois pieds et demi ; fleurs très-parfaites, beau *jaune* maculé *marron* ou *cannelle* vers la circonférence.

Cette plante, depuis quatre ans, se maintient toujours bien ; tandis que d'autres qui ont semblé supérieures, comme *Bowman premier*, etc., n'ont eu que leur première année pour se montrer parfaites.

Juno (Guirling) : cinq pieds et demi; fleurs magnifiques, *cerise* vif, nuancé *carmin*.

Cette plante a été parfaite dans presque toutes les cultures. Dans une seule, les fleurs se sont un peu chiffonnées. L'individu procédait d'une bouture frêle qui avait longtemps langui avant de se rétablir. En pareille circonstance et autres qui peuvent également affaiblir une plante, ou en contrarier la vigueur, on aurait presque toujours tort de vouloir la juger définitivement, surtout dans le genre *dahlia*.

Knox holt rival : quatre à quatre pieds et demi ; fleurs très-étoffées, factures des plus riches, *marron* foncé et bien velouté.

C'est aussi une plante qui, depuis trois années, s'est parfaitement soutenue.

Louise Marchand : quatre pieds ; ligules *jaunes* marginées *violet-rosé*.

Quoi que l'on en puisse dire, c'est toujours une plante sans défaut. Nous lui avons vu préférer le *Comte de Flandre*, à peu près même hauteur, mêmes coloris, seulement ces derniers devenus à teintes plus pâles, mais les pédoncules en sont trop courts et les fleurs souvent trop coudées sur les pédoncules. Ces deux défauts qui passaient inaperçus, il y a encore deux à trois ans, sont aujourd'hui des vices intolérables.

Lydia : deux pieds; fleurs très-jolies, *rose-saumoné* d'une très-aimable nuance.

Cette plante naine n'est que gentille ; elle sera encore long-temps admise, parce que nous sommes toujours peu riches dans les tiges de cette taille.

Marchioness of Landown : quatre à cinq pieds; ligules *blanc-perle*, celles de la circonférence tantôt marginées, tantôt teintées *rose*.

Cette variété demande d'être plantée avec un bon tubercule, ou au moins avec une bouture bien constituée et vigoureuse, si l'on veut en obtenir le déploiement de toutes ses brillantes facultés : elle ne laissera rien à désirer surtout si l'on a soin de la diriger sur une seule tige, d'en ébourgeonner les rameaux et sous-rameaux un peu trop nombreux, et de la cultiver d'ailleurs avec soin. Cette plante superbe mais délicate ne récompense bien son cultivateur qu'autant qu'il ne la néglige point.

Mary queen of Scott (Harding), suivant les catalogues-Chauvières ; *Duchess of Sutherland*, selon d'autres catalogues : tige cinq à six pieds ; fleurs d'une belle et riche facture, ligules *beurre-frais*, marginées *rose*, nuancé *lilas*.

Cette plante est si belle que tout le monde a voulu se la procurer, aussi la trouve-t-on partout maintenant. Voilà son seul défaut, et c'en est un pour beaucoup d'amateurs.

C'est ainsi qu'ont raisonné grand nombre des amateurs de roses, lorsqu'ils ont réformé nos meilleures variétés de rosiers ; parce que, disaient-ils, c'étaient seulement de *bonnes vieilles*. Il en est résulté que leurs collections, de riches et brillantes qu'elles étaient, sont devenues très-médiocres, parce que les *bonnes vieilles* ont été remplacées, et assez chèrement, par des nouveautés qui n'étaient pas même des doublures passables de ce qu'ils réformaient.

Nous désirons que les amateurs de dahlias raisonnent mieux leurs réformes, c'est-à-dire qu'ils attendent toujours avant de réformer une bonne plante, qu'ils puissent au moins la remplacer par une variété bien évidemment supérieure et au moins aussi constante.

Mary of Burgundi : deux pieds; *rose-saumon*, avec nuances *pourprées*.

Cette plante parfaite, dans les deux ou trois cultures où nous l'avons décrite en 1839, au lieu d'une multitude de fleurs charmantes de deux pouces de diamètre, ce qui en proportionnait merveilleusement les fleurs avec la taille de la tige, a donné partout en 1840 des fleurs larges de quatre pouces de diamètre et loin de la beauté des fleurs de l'année précédente, tant sous le rapport de la régularité des formes que sous celui de la délicatesse des coloris.

Malgré ces très-fâcheuses différences, beaucoup d'amateurs ont encore trouvé cette variété très-belle : il y a des goûts qui se prononcent pour ce qu'on appelle les rustiques appas, comme pour les charmes réunis de la régularité, de la délicatesse et de l'élégance dans les formes et proportions.

Toutefois, comme l'année 1840, par ses températures anormales, a causé à de très-belles plantes, des déviations très-notables, dont elles se sont rétablies plus tard, il se peut que *Mary of Burgundy* en 1841, redevienne aussi ce qu'elle était en 1839; du moins, sans trop l'espérer, nous le désirons.

Métropolitan rose or Hope : cinq à cinq pieds et demi; fleurs très-parfaites, *rose-lilacé.*

Cette plante à laquelle on souhaite des pédoncules un peu plus longs et surtout un peu moins de parcimonie dans le nombre de ses fleurs que l'on désirerait aussi plus précoces, a comblé largement tous ces vœux l'année dernière dans plusieurs cultures dont le sol est une terre franche alumineuse, autrement dit la terre jaunâtre et soyeuse la plus favorable aux céréales.

Nec plus ultra (Widnall's) : deux à trois pieds; fleurs très-régulières, ligules *violet* foncé, marginées *cramoisi* vif.

C'est toujours une variété des plus constantes.

Newick Parke : quatre pieds; fleurs parfaites, beau *violet-carminé.*

Nous avons vu bon nombre de plantes nouvelles dans les mêmes taille et coloris : nous n'en parlons pas parce que bien certainement elles ne valent pas cette bonne variété.

Non pareil (Guirling) : fleurs des plus séduisantes et par sa facture élégante et régulière, et par ses coloris *noisette* et *rose.*

Cette très-jolie variété a fléchi l'année dernière dans quelques individus; tandis que dans d'autres plantes en mêmes sols et circonstances elle a conservé tous ses avantages. Quelques amateurs, un peu trop sévères peut-être, reprochent aux fleurs magnifiques de cette plante d'être un peu trop modestes, c'est-à-dire de ne pas lever assez la tête. Pour examiner cela de plus près, il nous semble qu'il serait prudent d'attendre une variété encore plus parfaite dans les mêmes formes et coloris.

Oliver Twist : quatre pied ; fleurs très-bien faites, beau *violet* foncé dit *violet-pourpre.*

Président of the West : cinq à cinq pieds et demi ; fleurs très-riches et d'une très-notable perfection, *cramoisi-pourpre* foncé, nuancé *amarante.*

Cette plante s'est surpassée partout en 1840 ; malgré toutes les mauvaises influences qui ont tant contrarié la floraison des autres variétés de son genre.

Primerose : trois à trois pieds et demi ; fleurs bien faites, *blanc pur* sur fond *jaune-paille* ou *beurre-frais.*

Il a paru au printemps 1840, une liste de dahlias nouveaux sur laquelle était annoncé le dahlia *Primerose perfection.* Nous avons préféré de planter ce dernier au lieu de l'autre que nous croyions devoir être moins parfait. La prétendue *perfection* était au contraire d'une très-grande médiocrité ; les fleurs avaient à peine dix-huit à vingt lignes de diamètre sur une tige de quatre pieds ; et de plus les coloris *blanc* et *paille* étaient d'une teinte sale très-désagréable.

Pride of Sussex : trois et demi à quatre pieds ; fleurs très-belles et bien régulières, *blanc pur,* quelquefois très-légèrement lavé *rose* vers la circonférence.

Ce dahlia s'est très-bien soutenu l'année dernière : c'est encore à peu près ce que nous avons de mieux dans les *blancs.*

Richard III : quatre à quatre pieds et demi ; fleurs très-remarquables pour la beauté de leur facture, le velours de l'étoffe et le coloris *marron* brûlé avec quelques stries *violet* clair au centre.

Cette plante, par sa perfection et par son coloris à peu près *noir* foncé, a rendu absolument ridicules à la vue tous nos dahlias prétendus *noirs,* tels que *Sambo* (Hoodg's), *Vincent de Paule*, etc., que nous admirions encore il y a deux à trois ans, c'est-à-dire avant que cette variété nouvelle, en 1839, ne vînt affiner notre goût et former ou redresser le jugement de nos yeux.

Ringleader : trois à quatre pieds; fleurs très-belles et régulières, ligules *violet-rosé*, toutes assez largement marginées *blanc* lavé *lilas*.

Nous sommes encore trop peu riches dans les variétés à panachures aussi brillantes, pour reprocher à celle-ci de pencher un peu ses fleurs : nous répondrions, dans ce cas, que sans cette imperfection très-légère cette plante serait trop belle.

Rival Sussex : quatre et demi à cinq pieds; fleurs toujours parfaites et *marron* clair d'une très-belle nuance.

Depuis trois à quatre ans que nous suivons cette précieuse plante assez florifère, nous ne lui avons pas encore trouvé une mauvaise fleur, même quand les premiers froids viennent déformer celles de presque toutes les autres.

Rival queen superb (Wrigth's) : trois à trois pieds et demi; fleurs très-bien faites, *jaune queue-de-serin* bien prononcé.

Cette plante s'est bien maintenue partout cette année.

Royal Standard : cinq à six pieds; fleurs toujours parfaites, *cramoisi-rosé*.

C'est encore une des beautés les plus constantes de nos collections.

Schakelwell rival : cinq à cinq pieds et demi; fleurs superbes et surtout d'une admirable proportion, coloris *rose-violacé* très-frais.

Nous avons regretté, en 1840, que les fleurs de cette superbe plante fussent un peu trop coudées à l'extrémité de leurs magnifiques pédoncules. Nous n'avions pas aperçu cette imperfection en 1839; nous pensons que c'est aussi un effet des contrariétés atmosphériques de l'année dernière, et que celle-ci, 1841, ce même défaut disparaîtra.

Sir Francis Burdet : cinq pieds et demi; fleurs très-belles, *rouge-vermillonné*.

Cette plante n'a aucun rapport avec celle du même nom qui a été trop vantée en 1836, et dont les fleurs en tournesol avaient six pouces de diamètre, tandis que la plante ne s'élevait qu'à deux ou trois pieds.

Sophronie : deux pieds; fleurs charmantes, bien régulières et d'un beau *violet-amarante*.

Cette jolie petite plante naine sera encore long-temps indispensable dans une collection bien ordonnée; parce que les bonnes plantes de cette taille sont très-rares.

Suffolck's he : quatre pieds; fleurs parfaites et bien constantes, *violet* nuancé *marron*.

Ce dahlia ne figure plus sur nombre de catalogues de 1841; c'est sans doute parce qu'on le suppose dans toutes les collections, et que par ce motif il n'est que très-rarement demandé.

Quoi qu'il en soit, nous soutenons qu'une plantation de dahlias en cent variétés distribuées avec goût, et dont *Suffolck's hero* serait la moins belle et régulière, mériterait au moins une mention des plus honorables quelque riches que fussent et pussent être les collections concurrentes.

Sully (Brown) : quatre et demi à cinq pieds; fleurs aussi bien régulières et d'un beau *violet-pourpré*, et nuancé *amarante*.

Ce dahlia s'est encore très-bien soutenue en 1840 dans toutes les cultures où l'on a pu se le procurer.

Sunder Fitz lady : quatre et demi à cinq pieds; fleurs

bien faites et très-jolies, *rose-violacé* d'une très-fraiche nuance.

Cette plante était une des beautés transcendantes de 1839. En 1840, elle n'était plus que belle et bonne plante que tout le monde replantera cette année, sans craindre une mauvaise plante, mais aussi avec l'espoir qu'elle redeviendra magnifique.

Washington (Seale's) ; deux et demi à trois pieds ; fleurs aussi très-bien faites et non moins gracieuses, beau *violet* nuancé *lilas*.

Cette variété, depuis trois ans, n'a rien perdu de son premier mérite ; elle est d'autant plus précieuse que les amateurs qui tiennent aux combinaisons des hauteurs dans leurs plantations, se trouvent toujours plus ou moins embarrassés, lorsqu'il s'agit d'un premier rang à plantes naines, c'est-à-dire de trois pieds au plus.

Nous avons regretté pour ce motif que le dahlia *Stuard Worthley*, que nous avons vu si beau, si régulier et surtout si florifère, n'ait conservé l'année dernière que sa taille de deux à trois pieds, ses belles couleurs *violet-lilacé*, mais avec des fleurs devenues très-pauvres.

Watford surprise : cinq pieds ; fleurs aussi très-régulières, *cramoisi* foncé, nuancé *amarante*.

C'est une très-bonne plante qui a bien fleuri, mais moins belle encore qu'en 1839 ; sans doute parce qu'elle a souffert aussi des mauvaises influences de l'année.

Western rose : quatre et demi à cinq pieds ; fleurs bien régulières et charmantes, *rose-lilacé*.

Cette plante, quoique fort belle en 1840, n'a pas néanmoins été aussi brillante qu'en 1839. Mais l'on pense généralement que les chaleurs et les trop longues sécheresses ont nui au développement de ses belles facultés, comme cela est arrivé à tant d'autres belles plantes.

Zillias : dix-huit à vingt-quatre pouces; fleurs charmantes, *rose-carné* nuancé *saumon*.

Quoique cette année, les fleurs de cette jolie plante aient pris dans quelques individus sept à huit lignes de trop dans leur diamètre, nous pensons que les arrosemens très-multipliés qu'il a fallu donner à ces plantes ont contribué à cette imperfection, et que cette bonne plante naine se maintiendra encore quelque temps parmi nos belles variétés du premier rang ou rang de bords.

Nous avons dit plus haut que les longues sécheresses et les chaleurs excessives de 1840 avaient fâcheusement influé sur la floraison des dahlias et que bon nombre de ces plantes si admirables et tant admirées en 1839, avaient désappointé bien des amateurs par leur floraison de 1840.

Au nombre de ces plantes, nous citerons :

Agrippa : cinq pieds; fleurs très-parfaites, *cramoisi-feu*, nuancé *écarlate*.

Cette perfection de 1839, quoiqu'elle ait pu faire en 1840, doit nécessairement se rétablir cette année pour peu que la saison lui soit favorable, puisque à la fin de l'automne dernier la plante a fini par donner quelques belles fleurs.

Boule d'or (Bréon) : trois à quatre pieds; *jaune jonquille* à formes presque globuleuses, facture encore plus fine que celle de *Fire Ball*.

Cette variété que nous avons nous-même cultivée avec tous les soins possibles, ne nous a donné que très-peu de fleurs parfaites sur un bien grand nombre de fleurs nues au centre ouvert en olive et formant une ringence ou grimace des plus désagréables. Nous la replanterons néanmoins pour chercher à la rétablir, et surtout pour en obtenir des graines; toutefois cette plante n'a que des pédoncules à peine suffisans.

Bowman premier : trois pieds; fleurs très-belles et d'un beau *jaune*.

Les fleurs de cette variété qui avaient tant reçu et mérité de suffrages en 1839, sont devenues si fortes en 1840, qu'elles ont généralement fait fléchir leurs pédoncules. Ceux-ci sortaient de la plante les fleurs horizontalement, c'est-à-dire qu'ils les présentaient en *asperges*.

British queen : trois pieds; fleurs riches et parfaites, *blanc-perle* maculé *carmin*.

Cette plante, à la première floraison, a donné des fleurs monstrueuses par l'avortement des fleurons du centre étouffés par des écailles par trop exubérantes. Mais lorsque l'atmosphère a repris une température plus douce, les fleurs de cette plante sont aussi redevenues très-belles.

Calliope (de Rouen) : trois pieds; fleurs superbes, très-étoffées, *cramoisi-rosé* à nuances *amarante* teinté *lapis*.

Cette plante, d'une très-grande beauté sous tous les rapports, a donné des fleurs dont quelques ligules se sont déjetées en dehors de l'imbrication et dérangeaient conséquemment toute l'harmonie de ces fleurs. Ce défaut semblait causé par une sorte de crispation dans le *placenta* que les chaleurs paraissaient mettre en effervescence. Cette monstruosité a encore cessé au retour de l'atmosphère à son état normal, et les dernières fleurs de cette plante sont redevenues admirables.

Conqueror (Springhall) : cinq à cinq pieds et demi ; fleurs très-parfaites, *marron* et *cramoisi-pourpre*.

Le diamètre des fleurs qui, en 1839, était de quatre à cinq pouces, semble en 1840 s'être retiré d'un bon quart, tandis que la tige a conservé sa taille : il est très-possible que la proportion se rétablisse cette année en la supposant plus favorable. C'est une chance à courir, et bien sûrement nous en courrons de plus désapointantes encore avec d'autres plantes.

Jeanne Maillotte : quatre pieds ; fleurs admirables et justement couronnées à plusieurs expositions en 1839 *blanc-perle*, teintée *rose-lilacé* vers la circonférence.

Cette variété dans un bon nombre de cultures a donné des fleurs en moulins-à-vent. On a pu la considérer comme une mystification des mieux conditionnées tant qu'ont duré nos longues sécheresses ; ensuite les fleurs sont venues d'abord semi-pleines, finalement très-pleines et surtout magnifiques.

Si nous n'avions pas reçu cette plante d'une de nos sources les plus recommandables sous tous les rapports, nous l'aurions supprimée au plus tard à sa troisième fleur, et nous nous serions ainsi privés des satisfactions très-précieuses que nous a données cette plante à la dernière floraison.

Lucina : quatre à cinq pieds ; fleurs d'une très-riche beauté, *blanc pur* et *rose* en auréole à la circonférence.

Quand nous avons vu ainsi les belles et nobles fleurs de cette riche plante en 1839, aussitôt les charmes de la variété dite *Princesse de Clèves* qui faisaient encore les honneurs de nos premières collections, ne nous ont plus paru qu'une mauvaise doublure des appas de la nouvelle plante, par laquelle nous avons remplacé cette princesse qui court maintenant les massifs des parcs où sont encore admis les dahlias à 50 centimes.

En 1840, *Lucina*, chez nous et ailleurs, s'est raccourcie d'un bon pied dans sa taille, et sa physionomie ou ses fleurs se sont élargies avec un embonpoint très-rustique. Au lieu de remplacer dignement une princesse florale, elle semblait au contraire s'être modifiée de manière à se faire marier avec le gros dahlia joufflu et trapu que nous avons connu il y a trois ans sous le nom de *Triomphe soutif.*

Toutefois *Lucina* s'est montrée avec trop de distinction à son début pour ne pas lui pardonner son déguisement de l'année dernière, puisqu'elle n'est pas la seule de son rang qui ait été entraînée. Toutefois si elle ne se rétablissait point, ce serait encore une plante toujours digne de bivouaquer sur les bords d'un massif d'arbres dans un jardin anglais, etc.

Pilot : tige trois à trois pieds et demi ; fleurs très-bien faites, coloris assez rare de la *capucine* d'Alger, nuancé *cannelle* et *saumon.*

Cette plante a séduit par la forme et les couleurs rares et fort belles de ses fleurs. Beaucoup d'amateurs la replanteront ; quoique les pédoncules en soient assez minces et un peu tordus, peut-être aussi un peu trop allongés. Dans tous les cas, c'est une plante qui mérite la culture au moins comme porte-graines, pour tenter de l'obtenir parfaite dans les mêmes coloris.

Une plante dont le coloris approche des teintes vives de la *capucine*, c'est *Aurantia* (Montjoy), mais les fleurs en sont pauvres : nous les avons vues partout à neuf ou dix rangs de ligules; et indépendamment du défaut de proportion entre le diamètre, de vingt-quatre à trente lignes, de ces fleurs avec la tige haute de trois à quatre pieds, les pédoncules ont à peine la force de supporter ces mêmes fleurettes.

Nous supposons que beaucoup des amateurs qui ont marqué cette plante, ne veulent qu'en faire un porte-graine; parce qu'en effet ce serait une belle conquête, s'ils en obtenaient une plante parfaite dans les mêmes nuances.

Aux exceptions près que nous venons d'indiquer, toutes ces plantes qu'en 1840 nous avons vues fleurir pour la deuxième ou troisième fois, se sont très-bien soutenues partout. Si quelques amateurs en reforment cette année pour les remplacer par des plantes plus nouvelles qu'ils ne connaîtraient point, ils pourront se repentir d'avoir donné à bon nombre de ces dernières une trop fâcheuse préférence.

Jusqu'à cette époque, nous devons convenir que nos plus beaux dahlias en général sont d'origine anglaise, quoique en France, le sol et surtout le climat soient beaucoup plus propices que celui de l'Angleterre. Nous avons dit l'année dernière, dans notre *Traité du Dahlia*, pourquoi nous nous trouvions en arrière sous ce rapport; et malgré la différence d'encouragement qui fait entre les deux pays, la différence des progrès, nous avons pensé que si l'amour-propre national de nos cultivateurs-amateurs pouvait s'enflammer, surtout le bon vouloir de ceux auxquels la fortune lève à volonté tous les obstacles, tous les inconvéniens, bientôt nos cultures rivaliseraient avec succès pour ce genre avec celle de nos voisins.

Déjà en 1840, bon nombre d'amateurs se sont livrés aux semis du dahlia sur une plus grande échelle que précédemment, et plusieurs ont débuté dans cette tentative avec tout le zèle et les moyens désirables. Nous aurions eu à l'automne dernier quatre-vingt-dix à cent mille dahlias de semis de l'année à passer en revue, si les contre-temps dont nous avons parlé n'avaient point réduit au dixième à peu près la germination des semences.

Sur les huit à neuf mille individus de semis, dont nous avons vu la floraison cette année dernière, nous avons pu concevoir les plus hautes espérances; et les amateurs auxquels appartiennent ces semis ont également reçu la plus encourageante satisfaction par les variétés neuves et parfaites qu'ils en ont obtenues. Ils ont pu juger par ces résultats précieux, qu'il faut beaucoup moins de trente mille individus de semence, pour trouver un *dahlia* aussi bien fait que celui que nous avons décrit sous le nom d'*Argo* (Widnall's), comme on raconte que ce dahlia a été la seule plante hors de ligne, trouvée dans un semis de cette quantité en Angleterre.

Vous avons vu à *Écouen*, chez M. *Chereau*, les restes de son semis qui étaient de quinze à dix-huit cents individus, et dans lesquels on pouvait compter au moins quatre à cinq plantes sur aucune desquelles certes le *dahlia* ARGO n'eût point obtenu la préférence. Nous ajouterons que, encore bien qu'une plante de graine puisse ne pas tenir l'année suivante les promesses de sa floraison première, il est cependant assez probable qu'il n'en sera pas ainsi de celles dont nous parlons : puisqu'elles présentaient au moins trente à trente-cinq et quarante rangs de ligules ordonnées, graduées et imbriquées avec la plus rare perfection, et dans les panachures et coloris des plus précieux, il est au moins probable que toutes ne se démentiront point. Nous avons encore remarqué au-delà de ces quatre à cinq plantes, une vingtaine au moins de belles variétés qui ne dépareraient aucune collection d'un beau choix ; elles n'y pourraient subir d'autre reproche que celui d'avoir été devancées, autrement dit, d'être arrivées deux à trois ans trop tard. D'un autre côté, s'il est vrai de dire qu'une très-belle plante de semis puisse à la seconde floraison ne pas se soutenir ou se confirmer par une floraison aussi belle et quelquefois supérieure, il n'est pas moins vrai aussi que des plantes dont la première floraison est assez ordinaire, peuvent à la seconde mériter une grande distinction.

Nous avons également visité à *Voisenon* (Seine-et-Marne), les dix-huit cents à deux mille individus de semis de M. *Eugène Guénoux*, qui regrettait aussi que toutes ses semences se fussent réduites à ce petit nombre, comparé à celui qu'il aurait obtenu en meilleur printemps.

Dans ces semis, se sont trouvées six à sept plantes

aussi d'une insigne et complète beauté, et une douzaine d'autres ou qui peuvent répéter de très-bonnes plantes, ou remplacer comme nouvelles de distinction celles du premier ordre qui l'année suivante ne se seraient point soutenues dans toutes leurs perfections de détails et d'ensemble.

A *Yèbles*, dans le même département, chez M. *Desprez*, nous avons eu encore l'avantage d'examiner les résultats d'un semis de quatre mille individus qui, sans les contrariétés si pernicieuses du printemps, eût été dix fois plus considérable. Toutefois dans ce reste encore assez nombreux, nous avons reconnu sept à huit plantes qui pouvaient lutter aussi avec ce que les nouveautés anglaises ont présenté de mieux. Nous avons ensuite distingué douze à quinze autres plantes laissant de très-belles espérances, et parmi lesquelles bien sûrement plusieurs pourront se parangonner.

Chez M. *Deschiens* à *Versailles* dans un semis de quatre à cinq cents individus, nous avons aussi trouvé deux à trois bien belles plantes hors de lignes, sans compter trois à quatre autres laissant des espérances; mais aussi donnant de vifs regrets sur la réduction du semis.

Nous avons encore remarqué chez M. *Lescot*, à *Antony* (banlieue), dans un semis de deux à trois cents individus une plante d'une très-grande perfection, sans compter quelques autres aussi venues un an ou deux trop tard.

Dans plusieurs autres semis également assez restreints, nous n'avons rien pu remarquer d'extraordinaire : il résulte de nos observations de cette année, et de celles des années antérieures recueillies par nos notes et souvenirs, que sur un semis de trente mille, s'il est possible de ne trouver qu'une seule bonne plante, ce ne peut être qu'autant que la graine semée ne proviendrait que de plantes très-communes. Il doit nécessairement en être ainsi, puisque pendant plus de quinze à vingt ans, les dahlias, quoique semés par milliers, très-nombreux n'ont donné que de très-piètres variétés en France, comme en Belgique et en Angleterre; puisque seulement depuis cinq à six années on a obtenu des plantes tant soit peu passables, et que ce n'est que des semences de celles-ci considérées comme perfections, que l'on a obtenu succcessivement, par leur semis, les perfections toujours nouvelles qui surpassent les anciennes depuis deux à trois ans.

Il suit de ces résultats qu'il y a beaucoup plus à espérer de deux à trois cents bonnes graines d'une plante parfaite, que de plusieurs milliers de graines récoltées sur des plantes plus ou moins communes.

Nous avons vu à *Versailles*, les semis de M. *Salter*, depuis trois ans, c'est-à-dire ceux de 1838, 1839 et 1840 : ils n'étaient pas très-nombreux, et malgré leur nombre qui ne dépassait pas mille à douze cents, nous y avons toujours reconnu huit à dix belles plantes du premier choix, et bien d'avantage du second.

Ainsi, nous invitons les amateurs, à semer avec

soin et persévérance leurs plus belles plantes ; et bien certainement ils obtiendront, à mesure qu'ils pourront mieux choisir leurs graines, des résultats toujours meilleurs et plus nombreux, sur des semis même modérés, à plus forte raison sur des semis plus ou moins considérables.

Nous terminerons cette Revue, par recommander aux amateurs de toujours semer le plus tôt possible en mars, afin d'éviter l'influence des sécheresses et des grandes chaleurs anormales et éventuelles du printemps; de mettre leurs semis en place aussitôt que les gelées ne sont plus à craindre, pour s'assurer l'avantage de les voir tous fleurir à temps utile, c'est-à-dire, avant que les premiers froids de l'automne en déforme ou décolore les fleurs ; de planter ces semis assez profondément au fond d'une fossette de six à sept pouces, laquelle, remplie plus tard, place les racines ou tubercules, à huit ou dix pouces de profondeur, ce qui rendra les arrosemens moins souvent nécessaires d'une part; tandis que de l'autre, les racines seront tout à la fois moins exposées à souffrir des influences de la sécheresse et de celles des gelées. Nous avons vu des dahlias mal plantés souvent fléchir et se faner pendant le jour, en septembre dernier, quoiqu'ils fussent bien arrosés ; nous en avons vu d'autres pour la même cause, dont les tubercules ont été gelés, parce qu'à raison de la floraison très-tardive, on ne se pressait point de les arracher.

Cette floraison a paru trop courte aux amateurs dont les dahlias ont été gelés à la mi-octobre.

Elle a malheureusement été trop longue pour beaucoup d'amateurs, dont cette floraison a duré un mois de plus. Ceux-ci ont pu croire que les gelées de cette seconde époque ne seraient point assez sévères pour leur refuser les quelques jours de température qu'ils jugeaient nécessaires à la levée de leurs tubercules. Cette espérance a trompé tous ceux qu'elle a endormis.

Les dahlias plantés trop près de la superficie de la terre, ont été perdus d'abord; et ensuite les autres, puisque très-rapidement les gelées sont devenues très-intenses. Les amateurs les plus expérimentés que le froid a pu surprendre, ont enlevé de suite leurs dahlias, en soulevant la terre avec la pioche, avant que les gelées ne parvinssent aux racines qu'ils se sont hâtés de rentrer à mesure. D'autres se sont contentés de butter la terre sur les pieds de leurs dahlias, en attendant que les gelées de novembre ordinairement peu constantes, permissent de les arracher : mais les espérances de ces cultivateurs ont été déçues; et suivant qu'ils ont butté à plus ou moins d'épaisseur, leurs pertes sont aussi plus ou moins nombreuses. Bon nombre d'amateurs que ces gelées ont surpris pendant l'arrière et tardive floraison de leurs plantes, n'ont pu les croire assez sérieuses pour se hâter, et ceux-là, pour avoir attendu, ont risqué le tout. Aussi feront-ils de très-grandes pertes. Plusieurs, dans la presse des circonstances, se sont contentés de rentrer leurs tubercules sous des hangards, ou dans d'autres lieux mal abrités, où la gelée les a encore saisis plus rapidement. Enfin, ceux qui ont eu l'imprudence de rentrer de suite quoiqu'à temps utile, leurs dahlias dans des lieux humides, avant que les racines ne fussent bien desséchées, en perdent encore beaucoup; par cette raison que l'humidité continue est nuisible pour les racines, pendant la suspension forcée de leur sève.

Nous citons tous ces faits et résultats dont nous avons l'expérience, afin que les jeunes cultivateurs ne perdent point de vue, d'abord, le double avantage de planter leurs dahlias assez profondément, et ensuite, celui de les déplanter toujours, quelles que soient les circonstances, assez à propos pour qu'ils ne soient point surpris par les gelées de novembre, et que les racines aient eu le temps de se ressuyer sans aucun risque, avant de les poser dans le lieu sec et tempéré où ils doivent attendre le printemps.

Si les dahlias demandent de telles précautions pour favoriser la levée de leurs tubercules, il ne faut pas oublier non plus qu'ils en nécessitent encore d'autres, pour protéger, depuis le printemps jusqu'à celui de leur révolution, le développement complet de toutes leurs facultés.

Indépendamment des soins ordinaires de la culture dans certaines localités, ce sont les vers blancs qui compromettent ces plantes; dans d'autres, ce sont les courtillères qui en dévorent aussi l'écorce au collet. Dans les temps de sécheresse, ce sont des myriades d'insectes, que les uns nomment l'*acarus* ou gale du dahlia, les autres *la grise*, etc., etc. Dans les temps d'humidité, ce sont les colimaçons et les loches, qui viennent aussi pâturer sur ces plantes et y causer de très-grands ravages; enfin les *perce-oreilles*, dans certaines localités rongent les pétales des fleurs à mesure que ces derniers s'épanouissent, etc., etc.

On évite tous ces inconvéniens, ou du moins on les diminue beaucoup, par les moyens que nous avons indiqués dans le traité du *dahlia*, que nous avons publié l'année dernière ; auxquels moyens, nous ajoutons ceux ingénieusement imaginés depuis, par le vénérable M. *La Cène* de Lyon, pour préserver le collet de ses dahlias contre la voracité des courtillères. Ce moyen est tout simplement, lors de la plantation, d'enrouler autour du collet, une lame de plomb laminé comme celui des étiquettes : cette lame coupée à deux pouces de largeur, se prête très-bien au grossissement du collet, et les défend et contre les courtillères et aussi contre les mandibules du ver blanc. A la vérité celui-ci, faute de pouvoir ronger l'écorce du collet, s'attaque aux racines, mais dans ce cas, lorsque le *dahlia* fléchit, on arrive à son secours avant que la plante soit autant compromise et à beaucoup près, que quand tout le système cortical du collet se trouve entièrement rongé tout autour.

SEMIS DES DAHLIAS.

Nous avons recommandé aux amateurs spéciaux des dahlias, de semer beaucoup, et surtout de choisir leurs graines, c'est-à-dire de les prendre de préférence sur les variétés les plus précieuses et les plus parfaites et notamment sur les fonds *blanc* pur ou panachés.

C'est ainsi qu'ont nécessairement dû faire et qu'ont effectivement fait la plupart des horticulteurs anglais, pour arriver aux variétés si parfaites qu'ils ont obtenues les premiers.

Nous aimons à reconnaître impartialement que nos voisins ont bien mérité leurs succès dans cette culture par leur grand zèle et aussi par leur persévérance. Nous dirons aussi que nous ne connaissons, ni en France ni ailleurs, aucune autre culture que les leurs où l'on eût fait, jusqu'à cette année, des semis assez nombreux pour couvrir des dix, quinze arpens et plus avec des dahlias de ces mêmes semis de l'année.

Sans doute semer beaucoup et planter des masses est un moyen de réussir, puisqu'évidemment tous les genres à nombreuses variétés ne parviennent dans leur descendance à nous donner des individus qui satisfont aux règles de nos caprices sur la beauté qu'ils en exigent, qu'à force d'être semés par milliers, et cela souvent encore pendant de longues années. Mais, quoi qu'il en soit, les plus belles plantes qui sont obtenues dans un genre quelconque par ce seul moyen d'arriver aux perfections désirées, procèdent toujours du type commun. On peut donc penser que toutes ses variétés sont aussi susceptibles que lui, de donner, par la semence, d'autres variétés d'un mérite aussi précieux que celui de leurs congénères que les amateurs prisent avec le plus de distinction. Tel est du moins le raisonnement sur lequel se fondent certains cultivateurs qui sont inclinés à croire que les semis par masses doivent nécessairement donner les plus heureux résultats.

Sans doute de pareils semis peuvent bien produire quelques bonnes variétés ; mais l'expérience à laquelle nous renvoyons pour décider souverainement, prouve qu'il y a peu de choses à attendre de tout semis dont les graines ne se recueillent point sur des individus choisis dans les lignes d'une descendance ou race que la nature a privilégiée.

Nous avons éprouvé qu'en semant des genres qui demandaient la plus longue persévérance, il fallait, à peine de ne rien obtenir, semer avec discernement. Il en a été de même des genres dont les individus demandaient moins de patience pour en pouvoir juger les résultats par semis.

Semez des *tulipes*, dans le dessein d'obtenir des variétés parfaites, vous sèmerez, vous et vos enfans, ces plantes par millions avant d'obtenir une variété parfaite; si le hasard, sur lequel il ne faut jamais compter, ne vous sert pas à souhait. Il en sera tout autrement si vous choisissez pour mères des individus à formes parfaites, fond *blanc* pur, avec leurs deux couleurs d'opposition bien détachées, et surtout les onglets *blanc* très-pur, c'est-à-dire que la base des pétales ou des six feuilles florales doit être de ce beau *blanc* de neige.

En semant ainsi, on obtiendra, dès la première floraison, en six, sept ans, sur cent graines bien choisies, ce que, durant des siècles, on cherchera vainement, à semer des individus ordinaires, et même de très-beaux qui auraient les onglets *noir* ou *bleu*; et les variétés de ceux-ci demanderont encore en fleurissant unicolore à leur sixième ou septième année, dix à quinze ans, et certains individus trente à quarante ans et plus, pour se panacher, c'est-à-dire pour passer de leur couleur unique à une ou deux couleurs de plus qui doivent marquer le complément de ce qu'on appelle leur perfection.

C'est faute d'avoir bien étudié les semis de ce genre que la culture des *tulipes* a encore fait si peu de progrès en Hollande, en Angleterre et bien ailleurs, où l'on considère ce genre comme à-peu-près épuisé; tandis qu'à le semer comme l'expérience nous l'a révélé, cette culture serait encore à suivre avec d'autres succès que ceux dont grand nombre d'amateurs se contentent.

Les *jacinthes* ont demandé moins d'observations, mais encore faut-il connaître les meilleures mères pour les semer avec le plus de succès; et ces mères sont toujours celles qui offrent les fleurs simples les plus riches, les mieux faites et aussi les plus richement étoffées, et toujours de préférence les semi doubles et celles qui ont des pétales ou rudimens de pétales de plus que celui des fleurs simples. Autrement encore, des milliers de semences ne donnent guère que du *fretin*.

Les *renoncules* et les *anémones* dont les semences demandent moins de temps pour fleurir, veulent aussi du discernement et de l'expérience dans le choix de leurs graines. Si pour mères on ne choisit pas des *renoncules* à fleurs semi-doubles, larges, bien étoffées et arrondies, avec tiges fortes et bien proportionnées avec le diamètre des fleurs, on sèmera encore des milliers de plantes avec ou sans même les plus minces succès.

Les *auricules* exigent également, pour en obtenir de belles variétés par le semis, le tact de l'expérience dans le choix de leurs graines ; nous voyons souvent des milliers de semences de ce genre, et très-rarement un gain qui mérite l'attention d'un connaisseur. Il en serait tout autrement, nous pouvons l'assurer, si d'abord pour mères on se procurait des plantes parfaites et sous le rapport des tiges fermes et d'une belle proportion en harmonie avec des fleurs bien régulières richement étoffées, à limbes parfaitement arrondis, œil ou gorge en cercle parfait et porportionné, formant juste, comme cercle concentrique, la moitié du grand cercle terminé par la circonférence ou les bords de chaque fleur; des anthères bien prononcées, doivent indiquer le centre des deux cercles en le décorant; enfin, il faut encore de belles et vives couleurs bien tranchées, au nombre de deux au moins, sur étoffe en velours ou en satin, soit que ces couleurs se trouvent plus ou moins largement dessinées entre la gorge toujours jaune ou blanche, et les bords extérieurs de la corolle.

Si l'on ne peut prendre de telles plantes pour semer, ce n'est pas dans vingt à trente ans que l'on pourra, en semant des *auricules* communes, parvenir à s'en procurer une qui soit aussi parfaite. C'est ce qui explique la pauvreté de ces plantes si communes ou nombreuses au printemps sur nos marchés de Paris.

On ne serait pas plus heureux en *œillets*, si l'on ne choisissait pas mieux les semences : des millions de graines levées sur des individus à fleurs simples donneront à peine un individu à fleurs dites semi-doubles, c'est-à-dire à deux rangs de pétales : des milliers de graines provenant d'*œillets* doubles, mais dentés, barbouillés et petits ne donneront pas une belle variété d'*œillets* à fleurs pleines, larges, bien arrondies, avec couleurs pures et bien tranchées. Ce n'est que sur les perfections ou *œillets* d'amateurs, que l'on peut espérer un vingtième ou un quinzième de plantes parfaites; et c'est à cette bonne pratique exécutée avec soin par M. *Simon Dubos*, de Pierrefitte, près Saint-Denis (Seine), que sont exclusivement dues les belles et nombreuses variétés obtenues tous les ans par cet honnête et habile cultivateur.

Il en est encore à-peu-près de même pour les semis de *rosiers* de toutes les séries : on a crié aux miracles sur les premières variétés qu'ont produites les premiers semis. Comme elles étaient supérieures à leurs types, et qu'alors d'ailleurs on ne possédait rien de mieux, il était tout naturel que ces nouveautés fussent accueillies avec enthousiasme. Celles-ci, semées à leur tour, ont produit mieux encore et ainsi de suite ; et, quoiqu'en France nous semions déjà, du moins à Paris, depuis vingt-cinq ans, nous ne sommes certainement pas arrivés à la fin de la filière par laquelle ce genre veut aussi être filtré pour donner toutes les perfections qu'il promet encore et qu'il ne donnera qu'aux cultivateurs qui savent choisir leurs semences et même en diriger et croiser la production.

Pour n'indiquer qu'un exemple ou deux, nous citerons d'abord le premier rosier *île Bourbon* qu'a envoyé à Paris, en 1823 ou 1824, M. *Bréon*, lorsqu'il dirigeait la succursale du jardin des plantes dans cette île. Ce rosier à fleurs semi-doubles et d'un *rose* de la plus suave nuance donna tout naturellement des graines à foison. On en a semé des masses pendant un bon nombre d'années, et l'on en sème même encore. Beaucoup d'amateurs y ont renoncé, parce qu'ils n'obtenaient rien de ces semis. Les premières belles variétés obtenues sont celles que M. *Desprez*, le premier des plus heureux, et encore au moyen des plus vastes semis, a pu lancer dans le monde, qui les cultive et conserve sous les noms de *Madame Desprez* et *Charles Desprez*, comme toujours nos meilleurs *îles Bourbon* de leur coloris. C'est en semant le premier de ces *îles Bourbon* à fleurs cette fois gracieuses, pleines et parfaites, que M. *Desprez* en a obtenu à la longue ces riches variétés d'un coloris plus vif et sévère dans les teintes *carmin* et *ponceau*, qu'il a nommées *Docteur Roques*, *Hennequin* et *Parquin*, lesquelles font maintenant les honneurs de nos collections de rosiers avec tant d'autres de la même culture.

On a obtenu au Luxembourg quelques *îles Bourbon* des semis de l'ancien et de plus nouveaux; mais ces semis n'ont rien offert de transcendant; nous n'avons pu voir de différence entre le rosier dit *île Bourbon* du Luxembourg, son prédécesseur l'*île Bourbon* à cent feuilles et son suivant l'*île Bourbon Plantier*, dont la trinité, quoique de trois origines, ne fait en définitive qu'une seule et même rose.

M. *Bisarre*, grand cultivateur et semeur de roses, à Angers, a pour semer, suivi la filière des variétés, à mesure qu'elles s'affinaient, et il a obtenu de l'*île Bourbon Madame Desprez*, il y a deux ans, des variétés nouvelles très-précieuses, au rapport de la société d'Horticulture d'Angers et suivant l'estimation du Comice horticole de cette ville. Ce n'est que cette année, 1841, que nous pourrons les juger nous-mêmes.

Mais M. *Desprez*, en semant les meilleures variétés descendant de ses premières conquêtes, a encore obtenu quatre à cinq *îles Bourbon* nouveaux, dans les coloris les plus désirables, et qui n'existaient point encore dans cette série qui très-possiblement, sinon très-probablement, finira par supplanter toutes les autres. Ce sont des *îles Bourbon* à rameaux non sarmenteux, fleurs parfaites, avec des coloris *veloutés* et *cramoisi-marron*, et ce sont les premiers que nous ayions encore vus jusqu'à ce jour avec de pareils coloris.

Ces mêmes variétés si rares et si précieuses, résultat de longues années de semis et du choix observé dans les descendances des lignes les plus parfaites, ont été semées de nouveau, et bien sûrement elles donneront tout autre chose que ce qu'on pourrait espérer des plus vastes semis dont la graine procèderait du premier type par lequel on a commencé.

Nous n'en finirions pas si nous voulions rappeler ici tous les genres dont les semis, pour produire des variétés vraiment belles et précieuses, veulent un choix suivi et combiné par une persévérante expérience, éclairée encore par l'étude aidée d'une heureuse observation.

Nous avons observé des cultures bien inférieures à celle que nous venons de traiter. Ainsi un jardinier aura beau planter la *quarantaine* dite *royale* ou *rameuse*, à fleurs doubles ou pleines, entre des individus à fleurs simples, dans le ridicule espoir de faire produire à ces derniers de la semence très-généreuse en plantes à fleurs doubles ; il ne réussira jamais, par cette ignorante puérilité, à toucher le but qu'il se propose; si les individus qu'il plante sont de la même année. Il réussira toujours, au contraire, s'il sème en août pour obtenir des plantes qui boutonnent à la fin d'octobre; s'il choisit parmi celles-ci des individus à fleurs simples seulement; s'il les fait passer l'hiver en orangerie; enfin s'il met en place ces individus, à bonne exposition, en pleine terre, aussitôt que les gelées tardives du printemps ne sont plus à craindre.

Ces mêmes individus donneront de très-bonne heure des graines bien formées et nourries dont la maturité sera des plus parfaites. Parmi ces graines, les individus à fleurs doubles se trouveront en quantité surprenante. Ils seront, comparativement à ceux à fleurs simples, dans la proportion de 95 à 5, et peut-être de 99 à 1, selon que la température et autres circonstances auront plus ou moins heureusement secondé la végétation de ces plantes.

S'il y a cette différence incontestable entre les semences levées sur des individus de ce genre dans les deux circonstances ou modifications données, il y a nécessairement aussi une cause quelconque productrice de cette différence.

Jusqu'à présent nous avons rencontré peu de jardiniers qui s'occupassent des causes efficientes auxquelles se rapportent les opérations ou les résultats qu'ils se contentent d'obtenir par la pratique; et c'est chose fâcheuse pour les progrès de l'horticulture. Celle-ci ne sera jamais qu'un métier pour ceux qui ne raisonnent ou ne réfléchissent pas sur toutes choses; tandis qu'elle est au contraire un art et même une science pour celui qui veut s'en rendre compte et enfin tout approfondir.

Dans le cas donné plus haut sur la différence des résultats des graines, il suffirait de remarquer, sans même un trop grand effort de génie, que les individus qui, dans une même année ont parcouru et terminé toutes les phases de leur révolution vitale, comme leurs mères que la nature a faites annuelles, ne peuvent guère sortir des mêmes facultés, c'est-à-dire ne répéter que la simplicité de leurs fleurs, comme nous en avons fait et vu l'expérience grand nombre de fois.

Il en est autrement pour les seconds auxquels l'art ou le hasard ont donné l'avantage de naître une année, et d'en obtenir de bonne heure à la seconde année, au milieu de sa révolution et après un repos auquel, surtout au printemps succède dans toute sève une nouvelle force, qui alors n'est plus dépensée qu'à l'avantage exclusif de l'inflorescence, de la formation et de la maturité des graines, bien autrement conditionnées que celles des premières; et par cette raison qu'elles ont été mieux nourries, mieux constituées, il n'y a rien que de naturel dans la conversion de leurs étamines en pétales, autrement dit dans la plénitude de leurs fleurs.

Nous voudrions pouvoir faire honneur de cette découverte au génie de l'horticulture, mais nou ne pensons pas qu'il en soit ainsi. Nous pensons au contraire que, dans des hivers doux, quelques *quarantaines* tardives, lorsqu'elles étaient encore toutes à fleurs simples, auront passé ces hivers; qu'elles auront pu fleurir et grainer au printemps de l'année suivante; et que ce fait aura dû se répéter par hasard plusieurs fois avant d'arriver sous les yeux d'un cultivateur qui pût l'apercevoir et en tirer les conséquences nécessaires pour en rendre l'usage et le procédé profitables à tous les horticulteurs instruits. Quoique nous ayons mentionné ces causes et ces résultats dans le *Bon Jardinier* de 1821 et 1822, et depuis dans notre *Horticulteur français*, nous rencontrons encore beaucoup de jardiniers qui suivent toujours aveuglément l'instinct de leur ancienne routine.

C'est encore avec discernement que, si l'on veut obtenir de belles *balsamines* à fleurs doubles et pleines, il faut choisir les graines de ces plantes. Celles des individus à fleurs simples répéteront aussi leurs mères sous ce rapport, quelle que soit la quantité du semis. Les semences recueillies sur des individus à fleurs doubles et pleines, mais sur les branches latérales, donneront beaucoup d'individus à fleurs simples; tandis que si l'on recueille les semences d'un individu à fleurs doubles ou pleines sur la branche-mère ou centrale, celle où la sève flue directement et en plus grande abondance, on aura des individus avec des fleurs du même mérite sur au moins les neuf dixièmes du semis.

Il en sera de même exactement pour les *delphinium* annuels ou *pieds d'alouettes*, suivant que l'on prélèvera ses graines sur des individus à fleurs simples, ou sur les branches latérales, ou seulement sur le prolongement de la tige ou branche du milieu des individus à fleurs pleines.

Les astères, ou *reines marguerites annuelles*, que l'on appelle *radiées*, veulent aussi de semblables combinaisons dans le choix de leur semence, lorsque l'on veut les semer avec l'intention d'en obtenir des individus dont la fleur générale soit bien remplie de ligules, fleurettes ou fleurons, ce qu'en style ordinaire on appelle aussi *fleur pleine*.

Ceux qui récoltent des graines sur les individus à fleurs dites simples, c'est-à-dire qui n'ont de ligules qu'à la circonférence de leur disque, peuvent être sûrs que sur des millions d'individus, ils n'obtiendront rien de mieux que les mères ; à moins qu'un heureux hasard ne leur en donne un ou deux, non à fleurs pleines, mais moins destitués de fleurons à ligules, que les centaines de milliers de leurs congénères du même semis.

Ceux qui récolteront les graines d'un individu à fleurs pleines sur les fleurs latérales ou secondaires, n'auront guère qu'un cinquième de leur semis qui leur donnera des individus à fleurs pleines.

Les plus intelligens ne récoltent ces graines que sur la fleur mère ou centrale de ces *reines marguerites* à fleurs très-pleines. Ceux-là savent du moins profiter de l'expérience de ceux qui ont remarqué que la fleur mère mieux nourrie et privilégiée que les autres par la sève quelle reçoit directement et la fait toujours épanouir la première, devait donner aussi de meilleurs résultats. Aussi obtiennent-ils les neuf dizièmes au moins d'individus à fleurs très-pleines, dans les semis qu'ils exécutent.

Les mêmes résultats sont encore donnés par les semis de *pavots*, *coquelicots*, etc., etc., lorsque, pour en choisir les semences, on se dirige d'après les mêmes raisonnemens.

Tout ce que nous venons de rapporter explique la grande différence de ces résultats, entre les graines bien choisies et celles indifféremment récoltées et trop souvent mises en mélange par espèce dans un même sac.

Les graines choisies avec soin et discernement sont toujours très-précieuses; les autres, soit qu'on les vende, soit qu'on les donne, sont toujours, au contraire, trop chèrement obtenues ou payées; puisqu'elles trompent non seulement l'espérance de ceux qui les sèment, mais substituent encore à ces espérances le regret du temps, des peines, du terrain et de l'argent mal employés ou perdus.

Les graines de *dahlias* semées long-temps aussi en mélange, ont comme nous l'avons dit plus haut, demandé de longues années et des millions de semis avant de nous donner successivement des individus, d'abord à deux et trois rangs de ligules; ceux-ci semés ont encore employé bien du temps et du terrain avant de nous produire des individus à fleurs ou fleurons complétement ligulés. Ces derniers, pour la nouveauté desquels on n'a pas pu contenir l'admiration dans les premières années, ont encore eu beaucoup de chemin à faire par le semis pour parvenir au degré de beauté, sous tant de rapports, que nous exigeons maintenant des plantes dignes d'être notées ou admises comme des perfections.

Peut-on bien penser que ces plantes aient acquis ces perfectionnemens si magnifiques et si merveilleux, par la persévérance et le soin que l'on a pu mettre à semer tout simplement chaque année les meilleures plantes successivement obtenues? Nous n'hésitons pas, nous, à penser tout autrement.

Nous avouons d'abord que c'était, sans aucun doute, ce qu'il y avait de mieux à faire pour arriver, si l'on ne connaissait pas d'autres moyens; mais avec ces moyens-là, l'on ne pouvait réussir qu'à force de semer des masses comme on l'a fait chez nos voisins; mais on ne pouvait guère, nous semble-t-il, obtenir que quelques individus extraordinaires, mais pas en aussi grand nombre que les Anglais en obtiennent, surtout depuis deux à trois ans.

Nous supposons nous, que les cultivateurs les plus éclairés de l'Angleterre, et là ils sont en très-grand nombre, ont recueilli tous les souvenirs de leur savoir et de leur profonde expérience, sur les résultats des semis de toutes les plantes antérieurement soumises à leurs observations, et qu'ils ont réfléchi avec assez de maturité sur les semis du *dahlia*, pour avoir enfin trouvé le moyen de les exécuter avec des succès que, jusqu'à présent, n'avaient point encore obtenus leurs confrères des nations voisines.

C'est à ces combinaisons, bien sûrement, que ces succès se rapportent et doivent se rapporter. Ainsi nous avons vu dans la culture de certaines *crucifères* (les quarantaines), que celles dont les tiges s'étaient formées à l'automne après s'être reposées pendant l'hiver, avaient sur les autres l'avantage d'occuper toute leur sève de l'année suivante exclusivement, à l'inflorescence et à la fructification de la plante, et qu'elles donnaient sous le rapport de l'agrément et des caprices des amateurs, les résultats qu'ils désiraient; parce que évidemment les plantes porte-graines ainsi secondées, étaient bien plus vigoureuses que des porte-graines qui n'avaient qu'une année pour naître, fleurir et finalement fructifier en terminant leur carrière.

Pourquoi, d'après cette observation, ne serait-il pas très-rationnel d'en conclure que sous le rapport de la vigueur des *dahlias* et de leur tendance à donner des fleurs très-riches en fleurons, l'on doit toujours pour porte graines choisir des individus doués de la plus grande vigueur parmi les variétés choisies avec discernement, c'est-à-dire toujours de préférence parmi celles qui réunissent à cette vigueur les plus grandes perfections sous tous les rapports. D'ailleurs ne savons-nous pas aussi par expérience que c'est toujours et dans tous les genres, en choisissant ainsi que l'on s'est assuré les plus grands succès?

Si l'on réfléchit que, dans nombre de genres, et notamment les radiées, ce sont toujours les fleurs centrales des variétés à calice général, rempli de ligules et de fleurons, comme dans les *dahlias*, qui produisent la meilleure semence pour reproduire des individus à fleurs bien pleines; serait-il déraisonnable d'en conclure que l'on obtiendrait aussi les mêmes résultats des semences recueillies et choisies de même sur les *dahlias*?

A la vérité, quoique les savans à systèmes contraires à la nature, contraires au bon sens, aient placé la *Reine marguerite* et le *Dahlia* dans la même famille des radiées, ces plantes dont les premières sont annuelles, à racines fibreuses, les autres vivaces, à racines en gros tubercules, ne végètent point de même. Toujours dans les premières, sauf accident, la fleur centrale qui termine la tige ou la branche du milieu, fleurit très-bien et fructifie à merveille, tandis que dans les *dahlias*, très-souvent la fleur centrale, ou mère, avorte, ou se dessèche sans donner presque jamais de semence. Mais s'il en est ainsi, la raison en est très-facile à saisir : c'est parce que la sève abandonne cette fleur pour se porter dans les deux rameaux qui l'avoisinent, ou sortent des deux aisselles au-dessous de cette fleur, que celle-ci ne peut achever sa révolution. Il en serait autrement si l'on ne laissait au *dahlia* porte-graine qu'une seule tige, et si l'on en taillait ou supprimait les rameaux avec soin au profit de la première fleur d'abord, et des trois ou quatre autres fleurs suivantes que l'on protégerait ensuite. Ces fleurs alors nourries et vigoureusement secondées par une sève en grand flux, donneraient sans aucun doute, une semence de bien meilleure espérance que celle obtenue sur toutes les fleurs indistinctement d'un même individu, et parmi lesquelles toujours il s'en trouve beaucoup ou sans germe ou mal conformées, qui ne lèvent pas ou qui ne viennent jamais à bien.

Nous attribuons à ces semences récoltées indistinctement sur toutes les branches d'un même *dahlia*, quoique très-bonne plante, cette multitude d'individus à fleurs dites simples et semi-doubles, pour un à fleurs pleines qui souvent encore se creusent à la seconde floraison de la même année.

Nous pensons que l'on peut aussi reporter à ces mêmes causes le peu de solidité des rares et bonnes variétés que l'on peut obtenir d'un excellent *dahlia* qui n'a pas été cultivé spécialement comme porte-graines, c'est-à-dire avec les précautions indiquées par l'expérience, pour en obtenir les semences les mieux nourries et les plus heureusement constituées. C'est à ce défaut de prévision que nous devons, suivant nous, cette altération ou dégénérescence qui, de superbes qu'elles étaient d'abord et jusqu'à leur deux ou troisième année, tant de plantes finissent par devenir médiocres ou intolérables un peu plus tôt, un peu plus tard ; tandis que d'autres, comme *Rival standard*, *Rival Sussex*, et qui, sans doute, proviennent de semences prises sur individus bien préparés, soit par l'intelligence ou par le hasard, n'ont point encore fléchi depuis quatre à cinq ans.

Sans doute que le choix des porte-graines et leur culture relative, d'après laquelle on concentrerait toute la force de leur sève sur les quelques fleurs laissées sur la tige centrale, et notamment les premières, donneraient des résultats bien plus avantageux, sous tous les rapports, que les graines de la même variété abandonnées en quelque sorte à la nature, et conséquemment couverte des fleurs données par tous ses rameaux plus ou moins nombreux, et sur lesquelles fleurs les graines seraient récoltées indifféremment, comme le font beaucoup d'amateurs.

Quoiqu'il y ait déjà une très-grande amélioration dans le choix des bonnes plantes pour en récolter et cultiver exclusivement les semences ; quoiqu'il y ait un grand avantage aussi à planter des individus de deux ans, c'est-à-dire un bon tubercule avec un turion ou pousse d'une bonne et vigoureuse constitution, et de le planter de bonne heure, sauf à le couvrir avec une cloche, pendant les nuits, et même les jours contraires à la végétation, afin que les fleurs, et conséquemment les semences puissent arriver à temps propice pour donner une excellente récolte, comme le font les Anglais dont le climat est beaucoup moins indulgent que le nôtre à l'automne; quoiqu'il y ait une amélioration plus grande encore dans la culture de ces porte-graines, en les soumettant au seul but que l'on se propose, autrement dit, en forçant leur sève au travail exclusif d'une floraison combinée et d'une maturité parfaite, etc., nous pensons que ces moyens tout évidemment plus favorables et plus profitables qu'ils soient, que les récoltes de graines faites par la routine, ne sont pas encore les seuls auxquels les cultivateurs les plus habiles en Angleterre aient eu recours.

Nous fondons notre jugement sur les succès si nombreux qu'ils obtiennent chaque année. Le nombre si grand de ces mêmes succès pourra peut-être s'expliquer par des semis sur de très-vastes étendues de terrain; mais tous n'ont pas cette ressource. Il en est qui ne disposent pour leur semis que d'un demi-hectare tout au plus, et encore ne sont-ils pas ceux qui obtiennent les moindres succès.

En comparant ces mêmes succès avec les nôtres, toutes circonstances équilibrées, ou gardées dans leurs proportions, il est évident pour nous que, outre les précautions si rationnelles que nous venons de rapporter, ils ont encore celle d'aider la nature de leurs plantes porte-graines, en pratiquant eux-mêmes avec efficacité et sûreté ce que la nature abandonne au hasard qui, comme chacun sait, ne réussit pas toujours à beaucoup près.

Sans doute qu'en Angleterre, pas plus que chez nous, il ne manque pas de cultivateurs dont l'instruction laisse encore beaucoup à désirer; mais aussi, comme nous l'avons déjà mentionné plusieurs fois, grâces aux encouragemens donnés aux horticulteurs et à l'horticulture, bien autrement appréciés et considérés que chez nous, il y a aussi chez eux un plus grand nombre d'horticulteurs qui ont pu tout à leur aise s'instruire à la fois à la double école de la science et de la pratique, et vérifier en même temps l'une par l'autre, les avancer ainsi toutes deux et en reculer les bornes.

Ceux-là, s'occupant du *dahlia* et de sa culture, en consultant les botanistes les plus distingués, ont bien lu quils plaçaient cette plante dans la *diœcie pentandrie de Linné*, c'est-à-dire dans la classe des plantes dont les fleurs n'ont que le sexe femelle ou pistil sur un seul individu, et le sexe mâle (étamine) dans les fleurs d'un autre individu. Ils ont également lu dans Jussieu que cette plante était de la *famille des radiées*, c'est-à-dire que selon lui les *achillées*, les *marguerites*, les *soucis*, etc., etc., seraient leurs cousins.

Sans mettre en doute d'abord les préceptes de la science, ils ont néanmoins voulu les soumettre à leur propre examen, à mesure qu'ils ont pu comparer et vérifier en cultivant.

Ils ont d'abord semé le *dahlia*, les uns sur le bout d'une couche chaude et sous cloche ; les autres en pots à la serre tempérée avec bonne terre, moitié terreau, moitié terre franche ; ceux-ci en pleine terre, mais sous châssis ; ceux là tout simplement à l'air libre au commencement d'avril, dans une plate-bande de bonne terre devant un mur exposé au midi ; sauf à couvrir leurs semis avec un paillasson, également contre les froids tardifs et contre les trop grandes ardeurs du soleil. On sème depuis le commencement de mars jusqu'à la mi-avril au plus tard.

Tous ces semis réusissent parfaitement bien lorsqu'ils sont exécutés avec de la semence bien constituée et d'une maturité parfaite ; lorsqu'ils sont défendus contre la sécheresse par des arrosemens convenables et donnés à propos, et contre les insectes et tous autres accidens qui peuvent les compromettre.

Les semis du dahlia, suivant la vigueur des germes et les circonstances plus ou moins favorables dans lesquelles ils sont placés, lèvent dans quinze à vingt jours ; mais toujours dans le nombre des semences il en est qui lèvent encore successivement bien plus tard pendant au moins un mois, cinq semaines après les autres.

Les cultivateurs les plus soigneux qui ont semé des graines de leurs plus précieuses variétés, etc., y tiennent au point de les repiquer seules l'une après l'autre dans de petits pots, lorsque ces graines ont seulement deux feuilles naissantes entre leurs deux cotyledons ou feuilles séminales qui s'annoncent toujours les premières. Ils placent ces semences sous cloches et les élèvent ensuite comme des boutures, jusqu'à ce qu'ils puissent les repiquer en motte ou mettre en place aussitôt que les gelées ne sont plus à craindre.

Les semis des plantes du grand nombre desquelles on attend moins que des précédens, se repiquent un peu plus fort à dix ou douze dans des pots de six à huit pouces de surface, et se cultivent aussi avec précaution jusqu'à leur mise en place, dans le temps ci-dessus indiqué.

Après la mise en place, si l'on abandonne les semis à la nature, leur croissance dépendra de toutes les circonstances accidentelles de l'atmosphère, et beaucoup aussi de la nature du sol et même du point d'exposition.

Si l'on soigne ces semis, en les plaçant d'abord dans une terre généreuse ou bien amendée, en les protégeant par un bon paillis contre les chaleurs estivales, et enfin par des arrosemens lors des excessives sécheresses, ils croîtront avec vigueur et rapidité : ils fleuriront à souhaits.

Les cultivateurs qui observent attentivement toutes choses, ont remarqué que l'*acarus* du dahlia autrement dit *la grise* qui les tourmente et souvent les paralyse plus ou moins long-temps, était très rare dans les terres généreuses ou rendues telles par une bonne culture bien soutenue, même dans les années très-sèches où les dahlias sont le plus exposés à l'affreuse influence de cette vermine.

Les mêmes expérimentateurs à la floraison des semis même les plus nombreux, ont également remarqué par leurs résultats, que la nature outre les précautions et le discernement indiqués plus haut demande encore des secours à une intelligence plus exercée, pour donner avec largeur ses plus grandes merveilles, qu'autrement le hasard ne seconderait qu'avec une économie qu'il ne serait possible d'étendre qu'aux moyens réunis du bon choix et de la masse des graines.

Ainsi en examinant les choses de plus près, les cultivateurs physiologistes, ont disséqué les fleurs du *dahlia*, celles dites simples, semi-doubles et pleines, les unes après les autres. Ils ont remarqué dans les premières, les fleurs simples, que les fleurons dits demi-fleurons étaient sur un seul rang sur la circonférence qui borde le calice général; qu'ils étaient tous uniformément à une seule ligule et un sexe, c'est-à-dire muni d'un organe femelle ou pistil dont les lèvres ou stigmates débordent à peine l'enroulement de l'onglet ou base de chaque pétale ou fleuron ligulé; que tous les autres rangs de fleurons de l'intérieur jusqu'au centre étaient destitués de ligules, mais tous pourvus à l'intérieur d'une membrane tubulée blanche et diaphane, servant de calice particulier au milieu duquel se trouve un pistil, organe femelle, entouré de cinq étamines ou organes mâles soudées ensemble par les anthères, petites capsules jaunes qui projettent au moment opportun la poussière fécondante sur les lèvres ou stygmates des organes femelles.

De cette observation, les cultivateurs éclairés, en ont facilement tiré la conséquence que les organes mâles dans les fleurs simples, en fécondant les pistils qu'ils accompagnent au centre, ne pouvaient donner des individus à fleurs pleines, puisque les fleurons où se trouvent l'organe femelle avec cinq organes mâles, lorsqu'un, deux ou trois de ces organes n'avortent point, sont destitués de ligules ou pétales.

Ceux qui ont semé ces dahlias à fleurs simples en 1813 et dix ans plus tard, n'ont jamais pu obtenir que des variétés de couleurs, mais ils n'ont pu attendre que du hasard des variétés à fleurs semi-doubles : c'est ce qui explique pourquoi ils ont attendu si long-temps. Ils attendraient peut-être encore, si les cultivateurs qui ont mieux observé n'étaient arrivés à ces fleurs semi-doubles, pas les moyens suivans :

En revenant aux fleurs dites simples du *dahlia*, ils ont dû facilement remarquer que les demi-fleurons, de la circonférence étaient les seuls qui portaient des ligules, mais qu'ils n'étaient doués que d'un seul organe reproducteur, le pistil ou organe femelle ; et que ce pistil était beauconp moins avantageusement placé pour sa fécondation par les organes mâles, que celui des fleurons sans *ligules* ou pétales ; puisque les pistils de ces fleurons nus étaient accompagnés ordinairement de cinq organes mâles. Ils ont nécessairement dû penser que la semence d'un fleuron ligulé fécondée par la poussière des organes mâles donnerait plutôt des individus à fleurs munies de plusieurs rangs de fleurons, que la semence d'un fleuron où se trouvaient les deux sexes, mais sans ligule ou feuille florale si l'on veut.

Ils avaient remarqué également qu'au centre des fleurs simples où sont les fleurons biséxés, les semences se formaient et mûrissaient en grand nombre et très-bien; et qu'il n'en était pas de même à la circonférence sur le rang à un seul sexe et muni d'une ligule; puisque le pistil est plus éloigné des fleurs mâles, et que souvent aussi cette ligule, selon qu'elle est plus ou moins gauffrée, met encore un obstacle à l'aspiration des poussières par le pistil encapuchonné dans son onglet.

Ces remarques étaient bien suffisantes, pour emprunter les anthères ou capsules prolifiques des organes mâles du milieu de la fleur générale et en introduire la poussière sur les stygmates des extrémités supérieures des organes femelles et solitaires des demi-fleurons ligulés de la circonférence. Cette opération se fait avec une petite pince, dite *brucelle* avec laquelle les horlogers manient avec tant de dextérité toutes les pièces si fines des montres. On enlève avec ce petit instrument l'anthère ou extrémité d'une étamine, ou capsule séminale au moment où ces capsules se fendent et semblent sécréter une petite *poussière jaune*, dite *poussière séminale*: l'on entr'ouvre, s'il est fermé, l'onglet ou la base des ligules ou demi-fleurons, où se trouve seul le pistil dont il est utile de teindre les deux lèvres et surtout à l'intérieur avec cette même poussière. Cette opération qui se fait avec succès surtout entre neuf heures du matin et midi par un beau jour ou du moins dans un bon moment où la pluie ne puisse la faire manquer en lavant la poussière, doit être exécutée avec une légère et adroite précision que donne presque toujours l'assurance du zèle, qui bientôt se convertit en habitude.

C'est ainsi que les cultivateurs habiles et éclairés sont parvenus les premiers à obtenir des dahlias à fleurs munies de plusieurs rangs de ligules, dits à fleurs semi-doubles.

Ils ont opéré de même sur ces dahlias dont ils ont fécondé tous les pistils des fleurons ligulés, avec les organes mâles des fleurons sans ligules : en semant ceux-ci, comme toujours les fleurons fécondans étaient nus, ils ont eu seulement un plus grand nombre de semences à fleurs de trois, quatre à cinq rangs de ligules ; mais si déjà c'était un grand succès pour arriver aux fleurs pleines, ils n'y sont parvenus néanmoins, que quand parmi ces fleurons ligulés, ils ont trouvé les deux sexes réunis ; ce sont les semences de ces fleurons et celles des autres fleurons avec pistil solitaire fécondé par les étamines des fleurons ligulés, qui ont fini par donner les variétés à fleurs pleines que l'on chercherait encore pendant des siècles, s'ils n'avaient été attendus que du hasard. Nous dirons en outre que nous avons remarqué que les étamines, constamment au nombre de cinq autour de leurs pistils dans les fleurons nus ou sans ligules ou corolles ou pétales, avortent communément au nombre de deux et même trois, dans les fleurons ligulés où se trouvent les deux sexes, tandis que le pistil ou organe femelle soit seul, soit accompagné d'étamines, s'est toujours trouvé bien complet dans toutes les observations que nous avons faites.

Une fois les fleurs pleines obtenues, les amateurs très-satisfaits même ravis d'abord, se sont un peu attiédis dans la culture du *dahlia*, comme nous l'avons rapporté dans le traité spécial sur cette plante, l'année dernière. Toujours des fleurs *unicolores amarante*, *blanc*, *écarlate*, *rouge*, *rose*, *ponceau*, *carmin*, *marron*, *ventre de biche*, *orange violet*, *ponceau*, etc., semblaient avoir terminé la révolution du *dahlia*.

Les habiles ont conçu qu'en fécondant ces unicolores avec d'autres unicolores à teintes opposées, ils obtiendraient probablement des fleurs panachées, comme ils avaient obtenu des fleurs semi-doubles ou demi-pleines en fécondant les fleurons à ligules successivement avec les organes mâles des fleurons nus et ligulés. Ils ont donc fécondé les fleurons femelles des fleurs rose, carmin, etc., avec les organes mâles des fleurs blanches, etc.; et bientôt les variétés à fleurs panachées et pleines ont été obtenues. Elles ont ravivé le zèle qui se refroidissait; et les amateurs depuis, au lieu de diminuer, ne font que s'accroître de plus en plus tous les ans.

Ce sont nos voisins les anglais à qui nous avons dû et devons encore les beaux et ingénieux succès que nous venons de signaler. Ce sont eux aussi auxquels nous devons tous les ans, ces nombreuses et nouvelles variétés qui font encore les honneurs de nos collections.

Les plus habiles continuent leurs procédés de la fécondation artificielle dont nous venons de parler : ils n'attendent point du hasard, qui sur des masses peut bien donner des variétés très-précieuses et même extraordinaires, mais en très-petit nombre. Ils créent à l'avance des *diamans* et des *perles* dans leurs dahlias en combinant les mariages entre leurs plus belles variétés, pour en obtenir ainsi des graines à la fois bien formées, bien mûres et descendantes de père et mère dont le croisement est combiné comme celui de leurs belles races chevalines et ovines.

C'est de cette manière aussi, qu'en fécondant les fleurs des dahlias à ligules planes avec les étamines de quelques fleurons en cornets qui ne se sont montrés d'abord qu'au centre des fleurs, que l'on a obtenu ces variétés si parfaites de formes dont tous les ligules sont successivement taillées et roulées en cornets et demi-cornets, depuis le centre jusqu'à la circonférence.

Ainsi dans les dahlias dont presque tous les rangs de ligules sont formulés en cornets, ces derniers qui ont les deux sexes, peuvent bien donner des semences, si le temps est favorable; mais les ligules en cornets qui n'ont que le pistil ou l'organe femelle bien enfermé dans la forme de leur demi-fleuron ne pourraient être fécondées que par accident, si elles ne le sont par la grande vigueur de l'attraction, qui n'a lieu que dans les individus très-vigoureux, secondés d'ailleurs par les circonstances les plus favorables qui sont assez rares ; tandis que le cultivateur attentif et éclairé fécondera tous les pistils de ces fleurons avec soin, et n'eût-il que deux à trois cents graines ainsi travaillées et choisies, bien sûrement il obtiendra plus qu'avec des milliers de graines données tout simplement par la nature.

Nous avons dit plus haut, que nous étions en bon chemin dans nos cultures françaises, pour obtenir des succès rivaux de ceux obtenus jusqu'à ce jour par les cultivateurs anglais, sur lesquels nous avions l'avantage du climat et un mois de plus pour la maturité des semences. Nous sommes fondés dans ces justes espérances, parce que parmi nos amateurs, bon nombre connaissent aussi les avantages et les procédés de la fécondation artificielle tout aussi bien qu'ils sont connus en Angleterre. Jaloux de la gloire florale des cultures françaises, ils se sont déjà mis à l'œuvre en 1839. Ils en ont eu en 1840, de très-beaux résultats qui les ont puissamment stimulés et encouragés. Non seulement ils continuent leurs heureuses tentatives, mais encore ils travaillent avec ardeur à se donner des émules ; et il n'y a pas de doute que dans peu nous soyions comme nous l'avions annoncé, à même d'échanger sans retour nos productions avec celles des cultures de l'Angleterre.

Nous désirons très-ardemment d'être compris par

tous les amateurs sous les yeux desquels passera cet opuscule ; et si notre voix pouvait avoir sur eux quelque influence, nous leur conseillerions d'abord de semer leurs meilleures plantes et surtout d'aider à la nature dans le beau fini quelle n'offre qu'au zèle uni à l'intelligence.

DISTRIBUTION

DE NOS

MEILLEURS DAHLIAS

SUR TROIS LIGNES

DE CHACUNE TRENTE VARIÉTÉS,

Les plus petites, sous le rapport de la taille, placées sur la première ligne ; les moyennes, sous le même rapport, plantées sur la seconde ligne au milieu ; enfin, celles à plus hautes tiges, sur la troisième ligne, celle du fond de la plantation.

Tous ces dahlias sont distribués de manière à se présenter en gradin régulier, et ensuite les coloris divers des fleurs sont combinés et vérifiés de telle sorte qu'aucune de leurs nuances ne puisse se confondre avec celles des fleurs voisines, c'est-à-dire que le tout est harmonisé dans le but de faire concourir toutes les plantes à se faire valoir les unes les autres par leurs contrastes dans les coloris.

Les plantes de la première ligne sont choisies dans les hauteurs de deux pieds et demi à trois pieds et demi au plus ; celles de la seconde ligne dans les plantes de quatre pieds, quatre pieds et demi au plus ; enfin celles de la troisième ligne dans les plantes de cinq à cinq pieds et demi.

PREMIÈRE LIGNE.

Nos 1. **Zillias**, rose carné, nuance saumon.
2. **Sophronie**, violet amarante.
3. **Elisabeth Trentfield**, blanc pur bordé rose lilacé.
4. **Mary ann Moore**, ventre de biche nuancé rose saumon.
5. **Nec plus ultra** (Widnall), violet foncé, marginé cerise.
6. **Dublin rose**, rose charmant.
7. **Recovery**, vermillon légèrement orangé.
8. **Lady Fowler**, cramoisi pourpre et marron.
9. **Lydia**, rose saumon.
10. **Dona Anna**, cramoisi feu.
11. **Amelia** (Ancell's), blanc pur strié lapis.
12. **Crighton**, écarlate ombré.
13. **Dom Juan**, cramoisi et marron.
14. **Maid of athens**, blanc maculé rose pourpré.
15. **Hylas**, écarlate très-légèrement orangé.
16. **Dianavernon**, violet foncé.
17. **Beauty of the plain**, blanc bordé lilas.
18. **Ancell's unic**, jaune maculé marron clair.
19. **Wasington** (Seale), violet lilacé.
20. **Regina** (Gregory), cramoisi pourpre nuancé feu.
21. **Lady Copley**, blanc pur bordé rose.
22. **Windsor rival**, écarlate et aurore.
23. **Unrivalled** (Taylord), violet nuancé marron.
24. **Miss Amelia** (Malcolm), blanc carné.

Nos 25. **Optimé** (Thortell), violet nuancé saumon.
26. **Lady Baturst**, blanc marginé rose.
27. **Mitella**, violet bien ombré.
28. **Patentee**, capucine nuancé orange.
29. **Beauty of Windsord**, blanc marginé lilas.
30. **Gaëtte**, rose doux.

DEUXIÈME LIGNE.

1. **Ringleader**, violet rosé marginé lilas.
2. **Fire Ball**, écarlate.
3. **British hero**, marron.
4. **Curate**, rose carmin.
5. **Beauty of Edimbroo**, cramoisi puce.
6. **Beauty of Croydon**, blanc bordé lilas.
7. **Argo** (Widnall), beau jaune foncé.
8. **Nero**, violet rosé.
9. **Artabanès**, ventre de biche nuancé vermillon.
10. **Challanger** (Brown), cramoisi foncé nuancé cerise.
11. **Beauty of Whilton**, violet lilas, onglets blanc.
12. **Lord Dudley** (Stewart), cramoisi carmin.
13. **Pride of Sussex**, blanc pur, bords très-légèrement teintés rose.
14. **Duke of Ruthland**, violet foncé nuancé prune.
15. **Non pareil** (Girling), noisette et rose lilacé.
16. **Rouge et noir**, marron et amarante.
17. **Comte de Paris**, jaune.

N°s 18. **Hero of Sevenoaks**, violet nuancé rose carmin.
19. **Leonora**, rose, nuances de la *centfeuilles*.
20. **Défiance** (Squibb), orange et ventre de biche.
21. **Compacta perfecta**, amarante et cramoisi feu.
22. **Hyperion**, lilas à deux nuances.
23. **Grenadier** (Jackson), aurore et vermillon.
24. **Katte Nikelby**, rose pur, onglets blanc.
25. **Chef-d'œuvre**, beau violet pourpre.
26. **Nicholas Nikelby**, ventre de biche et violet rosé.
27. **Honorable mistriss Eden**, violet foncé bordé nankin.
28. **Clarisse**, blanc marginé rose vif.
29. **Marginatum superbum**, marron bordé et strié cramoisi.
30. **Iver champion**, jaune paille.

TROISIÈME LIGNE.

1. **President of the west**, cramoisi amarante.
2. **Queen of sarum**, lilas très-léger.
3. **Duchess of Richemont**, carmin et saumon.
4. **Hornsey surprise**, pourpre rubis.
5. **Juno** (Girling), rose violacé.
6. **Dancroft rival**, écarlate nuancé feu.
7. **Bonaparte** (Elphinston), violet pourpré.
8. **Calliope** (Spencer), carmin rosé et feu.

Nos 9. **Cœur de lion,** violet foncé et amarante.

10. **Duc de Mayenne,** jaune.

11. **Phœnomenon,** blanc perle au centre et blanc rosé à la circonférence.

12. **Rival sussex,** puce nuancé marron.

13. **Anthyope,** lilas.

14. **Elisabeth Foster,** aurore et vermillon.

15. **Amulett** (Squibb), blanc pur, bords cramoisi pourpre.

16. **Caméléon,** amarante rubanné violet doux.

17. **Lady Powlet,** rose légèrement teinté lilas.

18. **Knoxholt rival,** marron.

19. **Royal standard,** cramoisi rose.

20. **Maresfield hero,** beau jaune.

21. **Egyptian prince,** marron brun et velours.

22. **Sir Francis Burdet,** rouge vermillonné.

23. **Glory of Kent,** blanc teinté rose et violet.

24. **Contender** (Standford), cramoisi et marron.

25. **Upvay rival** (Harris), violet carmin, bords rose lilacé.

26. **Beauty of Belmont,** écarlate vif, légèrement nuancé aurore.

27. **Richard III,** marron brûlé.

28. **Vitruvius** (Davis), violet-évêque nuancé rose et lilas.

29. **Blomsbury** (Pamplen), ventre de biche et saumon.

30. **Gladiator,** rose violacé, reflets argentés.

DISTRIBUTION

ÉGALEMENT COMBINÉE SOUS LES MÊMES RAPPORTS,

POUR FORMER DEUX RANGS OU LIGNES

DE NOS

MEILLEURES VARIÉTÉS,

Non comprises dans la plantation précédente.

PREMIÈRE LIGNE.

N° 1. **Louise Marchand**, jaune légèrement orangé, et margine rose doux.
2. **Suffolck's Hero**, marron, nuancé violet.
3. **Queen Dowager** (Jackson), blanc perle au centre, et blanc rosé à la circonférence.
4. **Andrew Hoffer**, violet foncé nuancé pourpre.
5. **Lady Douglas** (Earles), rose brique, belles nuances.
6. **Évêque de Bruges**, jaune clair, maculé blanc.
7. **Newick Parke**, violet carminé.
8. **Blomsbury** (Lee), écarlate feu.
9. **Mont Blanc**, neige.
10. **Speranza**, cramoisi pourpre nuancé amarante.
11. **Lady Déacon**, jaune marginé brun.
12. **Amato**, beau rose violacé.
13. **Queen of Ingland**, blanc très-doux marginé lilas.
14. **Sir William Middleton**, jaune olive, reflets violet rosé.
15. **Mistriss Widnall**, (Miellez), blanc très-pur, marginé rose carmin.

Nos 16. **Hoche** (Salter), vermillon orangé.
17. **Beauty of Whilton**, violet lilas, centre blanc.
18. **Pénélope** (Headley), blanc crême, bords maculés rose pourpré.
19. **Advencer** (Girling), cramoisi marron, nuancé violet.
20. **Dictator** (Taylord), rose foncé, marginé rose tendre.
21. **Lady Bukinghamshire** (Gaine), ligules aurore, bordées cramoisi pourpre.
22. **Charles XII** (Pamplen), cramoisi amarante, reflets rose carminé.
23. **Arabella** (Wick), fond blanc marginé cramoisi ponceau.
24. **Emulator**, rose vif, nuancé violet pourpre.
25. **Britannia** (Knigth), vermillon, nuancé très-légèrement carmin.
26. **Utopia** (Soamen), violet rosé.
27. **Imperial purple**, marron nuancé cramoisi foncé.
28. **Sumbeam** (Squilbb), ventre-de-biche, nuancé orange.
29. **Fair maid of Klifton**, blanc lavé lilas, centre rosé.
30. **Oliver Twist**, marron, nuancé violet.

DEUXIÈME LIGNE.

1. **Rival scarlett**, superbe écarlate.
2. **Duchesse de Dino**, blanc crême, bords blanc lilacé.
3. **Conquering hero**, marron, nuancé cramoisi violacé.
4. **Ben Johnson** (Girling), rose saumon, superbes nuances.
5. **William Foster**, charmant violet.
6. **Homère** (Squibb), cramoisi rose.
7. **Agrippa**, cramoisi ponceau.
8. **Métropolitan rose.**
9. **Duke of Richemont**, violet pourpre nuancé cramoisi.

N° 10. **Surprise** (Miellez), jaune serin, maculé blanc à la circonférence.

11. **Klefte** (Chéreau), superbe violet lilas.
12. **Variabilis**, rose nuancé violet-évêque.
13. **Duke of Dewonshire** (Gleny), jaune foncé, accidentellement maculé rouge.
14. **Cambridg's hero**, marron foncé.
15. **Mary queen of Scott** (Harding), blanc beurre frais, bordé rose.
16. **Maresfield rival**, violet à nuances changeantes.
17. **Countess of Lettrim**, rouge nuancé brique.
18. **Shakelwell rival**, rose légèrement lilacé.
19. **Egyptian Prince**, marron brûlé.
20. **Primat of Ireland**, superbe violet pourpre.
21. **Sunder's Fitz lady**, rose doux, nuancé lilas.
22. **Sully Brown**, cramoisi pourpre et violet.
23. **Countess of Torrington**, blanc perle, bordé lilas.
24. **Watford surprise**, cramoisi, nuancé amarante.
25. **Marchioness of Landown**, blanc perle, bords lavés rose.
26. **Climax**, violet brun, strié lilas.
27. **Conqueror Sussex**, marron brûlé, nuancé pourpre.
28. **Conqueror Springhall**.
29. **Lady Baring**, rose lilas.
30. **Quare** (Lann), jaune serin.

ERRATUM.

Page 43, ligne 16. Au lieu de *Maresfield hero*, lisez *Maresfield rival*, *violet*, etc.

TABLE DES DAHLIAS

DÉCRITS OU MENTIONNÉS DANS CETTE REVUE.